2026

화물운송종사 필기

빈출 550제

2026

화물운송종사
빈출 550제

인쇄일 2026년 2월 1일 2판 1쇄 인쇄
발행일 2026년 2월 5일 2판 1쇄 발행
등 록 제17-269호
판 권 시스컴2026

발행처 시스컴 출판사
발행인 송인식
지은이 타임 자격시험연구소

ISBN 979-11-6941-891-1 13550
정 가 12,000원

주소 서울시 금천구 가산디지털1로 225, 514호(가산포휴) **홈페이지** www.nadoogong.com
E-mail siscombooks@naver.com **전화** 02)866-9311 **Fax** 02)866-9312

PREFACE

화물자동차 운전자의 전문성 확보를 통해 운송서비스 개선, 안전운행 및 화물운송업의 건전한 육성을 도모하기 위해 한국교통안전공단이 국토교통부로부터 사업을 위탁받아 화물운송종사 자격시험을 시행하고 있습니다. 화물운송 자격시험 제도를 도입하여 화물종사자의 자질을 향상시키고 과실로 인한 교통사고를 최소화시키기 위함인데, 사업용(영업용) 화물자동차(용달·개별·일반화물) 운전자는 반드시 화물운송종사자격을 취득 후 운전하여야 합니다.

이에 따라 저희 시스컴에서는 기존의 출간된 수많은 필기시험 대비 도서들과는 차별점을 두어 수험생들을 보다 가깝게 합격으로 이끌 수 있는 문제집을 출간하게 되었습니다. 한국교통안전공단의 문제은행식 출제기준에 맞추어 수험생들의 불필요한 공부를 최소한으로 하고자 하였습니다.

이 책의 특징을 정리하면 다음과 같습니다.

첫째, 문제은행식 출제유형에 맞추어 문제를 수록하였습니다.

둘째, 문제와 해설을 엮은 CBT 기출복원문제를 수록하였습니다.

셋째, 각 과목별로 자주 출제되는 빈출 문제를 수록하였습니다.

넷째, 문제마다 꼼꼼한 해설을 수록하여 문제를 풀면서 익히도록 하였습니다.

본 교재는 자격증을 준비하며 어려움을 느끼는 수험생분들께 조금이나마 도움을 드리고자 필기시험에서 빈출되는 문제들을 중심으로 교재를 집필하였습니다. 지난 기출문제를 취합·분석하여 출제경향에 맞춰 구성하였기에 본서에 수록된 과목별 적중문제를 반복하여 학습한다면 충분히 합격하실 수 있을 것입니다.

이 책을 통하여 화물운송종사 자격시험을 준비하시는 모든 수험생들이 꼭 합격할 수 있기를 기원하며 저희 시스컴이 든든한 지원자와 동반자가 될 수 있기를 바랍니다.

취득방법

① **시행처** : TS한국교통안전공단(www.kotsa.or.kr)

② **자격 취득 대상자** : 사업용(영업용) 화물자동차(용달 · 개별 · 일반화물) 운전자는 반드시 화물운송종사자격을 취득 후 운전하여야 함

③ **시험과목 및 합격기준**

교통 및 화물 관련 법규 25문항	화물취급요령 15문항	안전운행요령 25문항	운송서비스 15문항
합격기준 총점 100점 중 60점(총 80문제 중 48문제) 이상 획득 시 합격			

④ **시험 시간(회차별)**

1회차	2회차	3회차	4회차
09:20~10:40	11:00~12:20	14:00~15:20	16:00~17:20

⑤ **접수기간**

㉠ **시험등록**: 시작 20분 전 / 시험시간 : 80분

㉡ **상시 CBT 필기시험일** (토요일, 공휴일 제외)

CBT 전용 상설 시험장	정밀검사장 활용 CBT 비상설 시험장
· 서울구로, 경기남부(수원), 인천, 대전, 대구, 부산, 광주, 전북(전주), 울산, 경남(창원), 강원(춘천), 화성 (12개 지역) · 매일 4회(오전2회, 오후2회)	· 서울성산, 서울노원, 서울송파, 경기북부(의정부), 충북(청주), 제주, 대구(상주), 대전(홍성) (8개 지역) · 매주 화, 목 오후 2회(시험장 상황에 따라 변동 가능)

㉢ 상설 시험장의 경우, 지역 특성을 고려하여 시험 시행 횟수는 조정가능(소속별 자율 시행)

㉣ **1회차**: 09:20~10:40, 2회차: 11:00~12:20, 3회차: 14:00~15:20, 4회차: 16:00~17:20

㉤ 접수인원 초과(선착순)로 접수 불가능 시 타 지역 또는 다음 차수 접수 가능

㉥ **시험 당일 준비물** : 운전면허증

자격취득 안내

컴퓨터 시험(CTB)용 체계도

① 응시조건 및 시험 일정 확인 → ② 시험접수 → ③ 시험응시 → **합격** → ④ 합격자 법정교육 [8시간] *본인인증 수단 필요* → ⑤ 자격증 교부

불합격

① 응시조건 및 시험일정 확인

㉠ 제1종 운전면허 또는 제2종 보통면허 소지자

㉡ 연령: 만 20세 이상

㉢ 운전경력(시험일 기준 운전면허 보유기간이며, 취소 · 정지기간 제외)

　· **자가용**: 2년 이상(운전면허 취득기간부터)
　· **사업용**: 1년 이상(버스, 택시 운전경력 있을 시)

㉣ 운전적성정밀검사(신규검사)에 적합(시험일 기준)

㉤ 화물자동차운수사업법 제9조의 결격사유에 해당되지 않는 사람

② 시험접수

㉠ 인터넷 접수 (신청 · 조회 〉 화물운송 〉 예약접수 〉 원서접수)

　* 사진은 그림파일 JPG 로 스캔하여 등록

㉡ 방문접수: 전국 19개 시험장

㉢ 운전경력(시험일 기준 운전면허 보유기간이며, 취소 · 정지기간 제외)

　* 현장 방문접수 시에는 응시 인원마감 등으로 시험 접수가 불가할 수도 있으므로 가급적 인터넷으로 시험 접수현황을 확인하고 방문할 것

㉣ 시험응시 수수료: 11,500원

㉤ 준비물: 운전면허증, 6개월 이내 촬영한 3.5 x 4.5cm 컬러사진(미제출자에 한함)

③ 시험응시

㉠ 각 지역본부 시험장(시험시작 20분 전까지 입실)

㉡ 시험과목(4과목, 회차별 80문제)

· **1회차**: 09:20 ～ 10:40

· **2회차**: 11:00 ～ 12:20

· **3회차**: 14:00 ～ 15:20

· **4회차**: 16:00 ～ 17:20

* 지역본부에 따라 시험 횟수가 변경될 수 있음

④ 합격자 법정교육

㉠ 합격자 온라인 교육 신청(신청 · 조회 〉 화물운송 〉 교육신청 〉 합격자교육(온라인))

㉡ 합격재(총점 60%이상)에 한해 별해 안내

㉢ 합격자 교육준비물

· 교육수수료: 11,500원

· 본인인증 수단(휴대폰 본인인증 불가 시 아이핀 또는 선불유심칩 이용)

⑤ 자격증 교부

㉠ **신청 방법**: 인터넷 · 방문신청

㉡ **수수료**: 10,000원(인터넷의 경우 우편료 포함하여 온라인 결제)

㉢ **인터넷 신청**: 신청일로부터 5～10일 이내 수령가능(토 · 일요일, 공휴일 제외)

㉣ **방문 발급**: 한국교통안전공단 전국 19개 시험장 및 7개 검사소 방문 · 교부장소

㉤ **준비물**: 운전면허증, 전체기간 운전경력증명서(시험 합격 후 7일 경과 시), 6개월 이내 촬영한 3.5×4.5cm 컬러사진(미제출자에 한함)

수험생 유의사항

① 운전면허증 지참

㉠ 시험 당일 응시자는 반드시 운전면허증(필수지참)을 지참하여야 하며, 시험 시간 중에는 운전면허증(필수지참)을 책상 위에 놓아야 함

㉡ 운전면허증 필수지참(응시자격 요건 확인을 위함)

② 답안지 작성요령

㉠ 답안은 반드시 80문제 모두 풀어 정답을 체크해야 한다.

㉡ 수험번호, 성명, 교시명 등 작성된 기록은 반드시 확인해야 한다.

㉢ 80분이 경과하면 문제를 다 풀지 못해도 자동으로 제출되고, 응시자는 더 이상 답안을 작성할 수 없다.

③ 부정행위안내

부정행위를 한 수험자에 대하여는 당해 시험을 무효로 하고 한국교통안전공단에서 시행되는 국가자격시험 응시자격을 2년 제한 등의 조치를 하게 된다.

〈부정행위 유형〉

· 시험 중 다른 사람의 답안을 엿보거나 자신의 답안을 타인에게 보여 주는 행위

· 시험 관련 서적이나 미리 준비한 메모를 참조하는 행위

· 핸드폰, MP3, 무전기, 전자사전, 웨어러블 기기 등 전자기기를 소지하거나 이를 사용하는 행위

· 신분증이나 응시표 등의 서류를 위 · 변조하여 시험을 치르는 행위

· 대리시험을 치르거나 치르도록 하는 행위 · 시험 문제를 메모 또는 녹음하여 유출하거나 타인에게 전달하는 행위

· 시험 진행에 방해되는 행위를 하거나 감독관의 정당한 지시에 불응하는 경우

· 기타 (사후 적발에 의해 부정행위로 판명된 경우 포함)

화물운송종사 자격시험 상세정보

시험장소

① 전용 상시 CBT 필기시험장(12개 지역)

* 주차시설 없으므로 대중교통 이용 필수

시험장소	주소	안내전화
서울본부(구로)	(08265) 서울 구로구 경인로 113(오류동)	02)372-5347
경기남부본부(수원)	(16431) 경기 수원시 권선구 수인로 24(서둔동)	031)297-9123
인천본부	(21544) 인천 남동구 백범로 357 한국교직원공제회(간석동)	032)830-5930
대전충남본부	(34301) 대전 대덕구 대덕대로 1417번길 31(문평동)	042)933-4328
대구경북본부	(42258) 대구 수성구 노변로 33(노변동)	053)794-3816
부산본부	(47016) 부산 사상구 학장로 256(주례3동)	051)315-1421
광주전남본부	(61738) 광주 남구 송암로 96 (송하동)	062)606-7631
전북본부(전주)	(54885) 전북 전주시 덕진구 신행로 44(팔복동3가)	063)212-4743
울산본부	(44721) 울산 남구 번영로 90-1 7층	052)256-9373
경남본부(창원)	(51391) 경남 창원시 의창구 차룡로48번길 44(팔용동) 창원스마트타워 2층	055)270-0550
강원본부(춘천)	(24397) 강원 춘천시 동내로 10(석사동)	033)240-0101
화성드론자격센터	(18247) 경기 화성시 송산면 삼촌로 200(삼촌리)	031)645-2100

② 운전정밀검사장 활용 CBT 필기시험장(8개지역)

* 주차시설 없으므로 대중교통 이용 필수

시험장소	주소	안내전화
서울본부(성산)	(03937) 서울 마포구 월드컵로 220(성산동)	02)375-1271
서울본부(노원)	(01806) 서울 노원구 공릉로 62길 41 (하계동 252) 노원검사소 내 2층	02)973-0586
서울본부(송파)	(01806) 서울 송파구 올림픽로 319, 교통회관 1층	02)423-0269
경기북부본부(의정부)	(11708) 경기 의정부시 평화로 287(호원동)	031)837-7602
홍성검사소	(32244) 충남 홍성군 충서로 1207(남장리 217)	041)632-4328
충북본부(청주)	(28455) 충북 청주시 흥덕구 사운로 386번길 21(신봉동)	043)266-5400
제주본부	(63326) 제주시 삼봉로 79(도련2동)	064)723-3111
상주체험교육센터	(37257) 경북 상주시 청리면 마공공단로 80-15(마공리)	054)530-0100

합격자 발표

① 합격 판정: 100점 기준으로 60점 이상을 얻어야 함(4과목 총 80문제 / 각 1.25점)

② 합격자 발표: 시험 종료 후 시험 시행 장소에서 합격자 발표

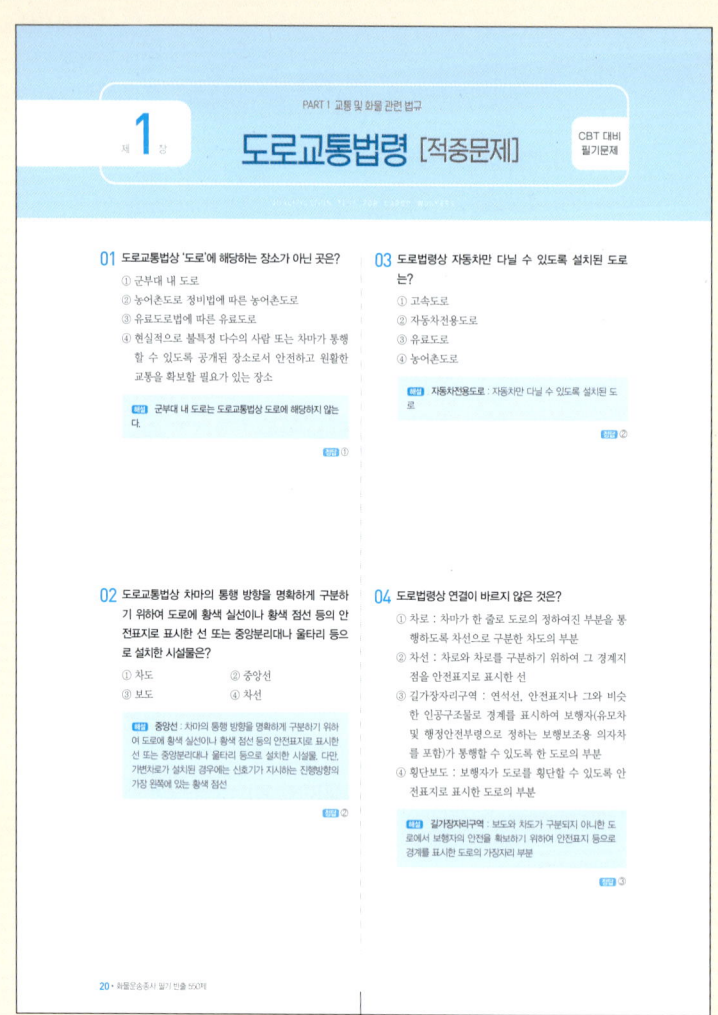

유형 파악! CBT 기출복원 적중문제

기존의 출제된 기출문제를 복원한 CBT 기출복원문제와
실전문제를 통해 필기시험의 유형을 제대로 파악할 수
있도록 과목별 적중문제를 수록하였습니다.

필기는 실전이다! 실전문제

실제 CBT 필기시험과 유사한 형태의 실전문제를 통해
실제로 시험을 마주하더라도 문제없이 시험에 응시할 수
있도록 과목별 적중문제를 수록하였습니다.

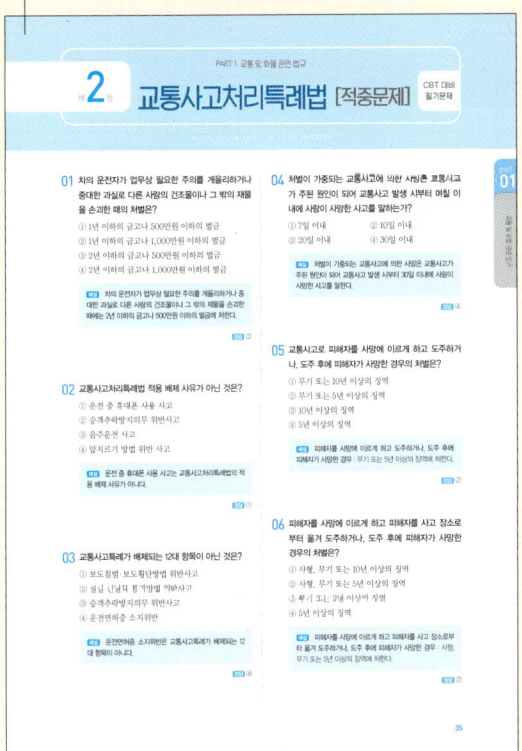
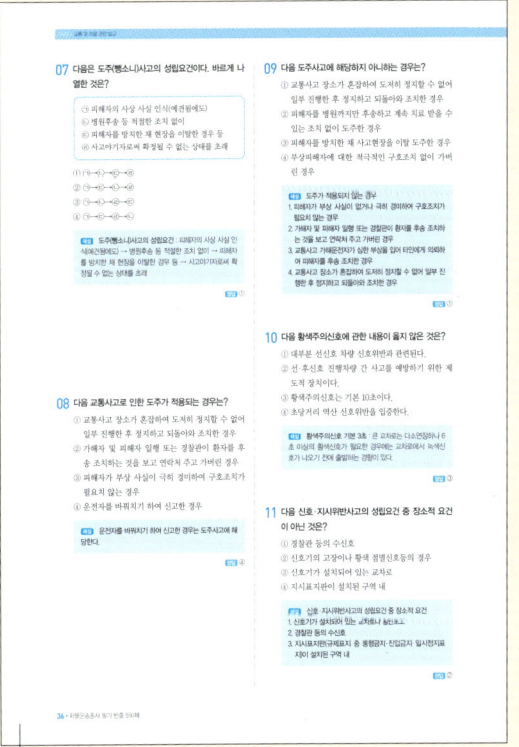

개념 쏙쏙! 섬세한 해설

단원별 핵심요약 이외에도 CBT 기출복원문제와 실전모
의고사 문제의 바탕이 되는 핵심 개념을 골라 이해를 돕
기 위한 더욱 섬세한 해설을 확인할 수 있습니다.

목 차

PART **1**

교통 및 화물 관련 법규

PART **2**

화물취급요령

PART 3

안전운행요령

PART 4

운송서비스

교통안전표지

주의표지

- 101 +자형교차로
- 102 T자형교차로
- 103 Y자형교차로
- 104 ㅏ자형교차로
- 105 ㅓ자형교차로
- 106 우선도로
- 107 우합류도로
- 108 좌합류도로
- 109 회전형교차로
- 110 철길건널목
- 111 우로굽은도로
- 112 좌로굽은도로
- 113 우좌로이중굽은도로
- 114 좌우로이중굽은도로
- 115 2방향통행
- 116 오르막경사
- 117 내리막경사
- 118 도로폭이좁아짐
- 119 우측차로없어짐
- 120 좌측차로없어짐
- 121 우측방통행
- 122 양측방통행
- 123 중앙분리대시작
- 124 중앙분리대끝남
- 125 신호기
- 126 미끄러운도로
- 127 강변도로
- 128 노면고르지못함
- 129 과속방지턱
- 130 낙석도로
- 132 횡단보도
- 133 어린이보호
- 134 자전거
- 135 도로공사중
- 136 비행기
- 137 횡풍
- 138 터널
- 139 야생동물보호
- 140 위험 / 위험 DANGER

규제표지

- 201 통행금지
- 202 자동차통행금지
- 203 화물자동차통행금지
- 204 승합자동차통행금지
- 205 이륜자동차및원동기장치자전거통행금지
- 206 자동차·이륜자동차및원동기장치자전거통행금지
- 207 경운기·트랙터및손수레통행금지
- 210 자전거통행금지
- 211 진입금지
- 212 직진금지
- 213 우회전금지
- 214 좌회전금지
- 216 유턴금지
- 217 앞지르기금지
- 218 정차·주차금지
- 219 주차금지
- 220 차중량제한 5.5t
- 221 차높이제한 3.5m
- 222 차폭제한 2.2m
- 223 차간거리확보 50m
- 224 최고속도제한 50
- 225 최저속도제한 30
- 226 서행 SLOW
- 227 일시정지 STOP
- 228 양보 YIELD
- 230 보행자보행금지
- 231 위험물적재차량통행금지

지시표지

- 301 자동차전용도로
- 302 자전거전용도로
- 303 자전거및보행자겸용도로
- 304 회전교차로
- 305 직진
- 306 우회전
- 307 좌회전
- 308 직진및우회전
- 309 직진및좌회전
- 310 좌우회전
- 311 유턴
- 312 양측방통행
- 313 우측면통행
- 314 좌측면통행
- 315 진행방향별통행구분
- 316 우회로
- 317 자전거및보행자통행구분
- 318 자전거전용도로
- 319 주차 P
- 320 자전거주차 P
- 321 보행자전용도로
- 322 횡단보도
- 323 노인보호(노인보호구역안)
- 324 어린이보호(어린이보호구역안)
- 324-2 장애인보호(장애인보호구역안)
- 325 자전거횡단도
- 326 일방통행
- 327 일방통행
- 328 일방통행
- 329 비보호좌회전
- 330 버스전용차로
- 331 다인승차량전용차로
- 332 통행우선
- 333 자전거나란히통행허용

보조표지

- 401 거리 100m 앞부터
- 402 거리 0.2km/백미터500m
- 403 구역 시내전역
- 404 일자 일요일·공휴일제외
- 405 시간 08:00~20:00
- 406 시간 1시간 이내 차둘수있음
- 407 신호등화상태 적신호시
- 408 전방우선도로 앞에 우선도로
- 409 안전속도30
- 410 기상상태 안개지역
- 411 노면상태 노면상태
- 412 교통규제 차로엄수
- 413 통행규제 건너가지마시오
- 414 차량한정 승용차에 한함
- 415 통행주의 속도를줄이시오
- 416 표지설명 터널길이258m
- 417 구간시작 200m
- 418 구간내 400m
- 419 구간끝 600m
- 420 우방향
- 421 좌방향
- 422 전방 50M
- 423 중량 3.5t
- 424 노폭 3.5m
- 425 거리 100m
- 427 해제
- 428 견인지역
- 429 어린이보호구역

표지판 종류

안전보건표지

금지표지	출입 금지	보행 금지	차량통행 금지	사용 금지	탑승 금지

금연	화기 금지	물체 이동 금지	경고표지	인화성 물질 경고	산화성 물질 경고

폭발성 물질 경고	급성 독성 물질 경고	부식성 물질 경고	방사성 물질 경고	고압 전기 경고	매달린 물체 경고	낙하물 경고

고온 경고	저온 경고	몸 균형 상실 경고	레이저 광선 경고	발암성 · 변이원성 · 생식독성 · 전신독성 · 호흡기 과민성 물질 경고	위험 장소 경고

지시표지	보안경 착용	방독마스크 착용	방진마스크 착용	보안면 착용	안전모 착용
		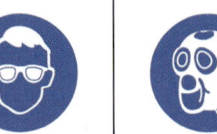			

귀마개 착용	안전화 착용	안전장갑 착용	안전복 착용	안내표지	녹십자 표지

응급구호 표지	들것	세안장치	비상용 기구	비상구	좌측 비상구	우측 비상구

Qualification Test for Cargo Workers

PART 1

교통 및 화물 관련 법규

Qualification Test for Cargo Workers

제 1 장

도로교통법령 [적중문제]

QUALIFICATION TEST FOR CARGO WORKERS

01 도로교통법상 '도로'에 해당하는 장소가 아닌 곳은?

① 군부대 내 도로

② 농어촌도로 정비법에 따른 농어촌도로

③ 유료도로법에 따른 유료도로

④ 현실적으로 불특정 다수의 사람 또는 차마가 통행할 수 있도록 공개된 장소로서 안전하고 원활한 교통을 확보할 필요가 있는 장소

> **해설** 군부대 내 도로는 도로교통법상 도로에 해당하지 않는다.

정답 ①

02 도로교통법상 차마의 통행 방향을 명확하게 구분하기 위하여 도로에 황색 실선이나 황색 점선 등의 안전표지로 표시한 선 또는 중앙분리대나 울타리 등으로 설치한 시설물은?

① 차도　　　　　② 중앙선

③ 보도　　　　　④ 차선

> **해설** **중앙선** : 차마의 통행 방향을 명확하게 구분하기 위하여 도로에 황색 실선이나 황색 점선 등의 안전표지로 표시한 선 또는 중앙분리대나 울타리 등으로 설치한 시설물. 다만, 가변차로가 설치된 경우에는 신호기가 지시하는 진행방향의 가장 왼쪽에 있는 황색 점선

정답 ②

03 도로법령상 자동차만 다닐 수 있도록 설치된 도로는?

① 고속도로

② 자동차전용도로

③ 유료도로

④ 농어촌도로

> **해설** **자동차전용도로** : 자동차만 다닐 수 있도록 설치된 도로

정답 ②

04 도로법령상 연결이 바르지 않은 것은?

① 차로 : 차마가 한 줄로 도로의 정하여진 부분을 통행하도록 차선으로 구분한 차도의 부분

② 차선 : 차로와 차로를 구분하기 위하여 그 경계지점을 안전표지로 표시한 선

③ 길가장자리구역 : 연석선, 안전표지나 그와 비슷한 인공구조물로 경계를 표시하여 보행자(유모차 및 행정안전부령으로 정하는 보행보조용 의자차를 포함)가 통행할 수 있도록 한 도로의 부분

④ 횡단보도 : 보행자가 도로를 횡단할 수 있도록 안전표지로 표시한 도로의 부분

> **해설** **길가장자리구역** : 보도와 차도가 구분되지 아니한 도로에서 보행자의 안전을 확보하기 위하여 안전표지 등으로 경계를 표시한 도로의 가장자리 부분

정답 ③

05 도로법령상 보도를 통행할 수 없는 것은?

① 보행자
② 유모차
③ 보행보조용 의자차
④ 자전거

해설 보도 : 연석선, 안전표지나 그와 비슷한 인공구조물로 경계를 표시하여 보행자(유모차 및 행정안전부령으로 정하는 보행보조용 의자차를 포함)가 통행할 수 있도록 한 도로의 부분

정답 ④

06 도로교통에 관하여 신호기에 사용하는 것이 아닌 것은?

① 방송
② 등화
③ 기호
④ 문자

해설 신호기 : 도로교통에 관하여 문자·기호 또는 등화를 사용하여 진행·정지·방향전환·주의 등의 신호를 표시하기 위하여 사람이나 전기의 힘으로 조작하는 장치

정답 ①

07 도로법령상 건설기계에 속하지 않은 것은?

① 콘크리트믹서트럭
② 천공기(트럭 적재식)
③ 화물자동차
④ 아스팔트살포기

해설 건설기계 : 덤프트럭, 아스팔트살포기, 노상안정기, 콘크리트믹서트럭, 콘크리트펌프, 천공기(트럭 적재식) 등

정답 ③

08 도로법령상 ( )에 들어갈 내용으로 올바른 것은?

> 정차는 운전자가 ( )을/를 초과하지 아니하고 차를 정지시키는 것으로서 주차 외의 정지 상태를 말한다.

① 5분
② 10분
③ 20분
④ 30분

해설 정차 : 운전자가 5분을 초과하지 아니하고 차를 정지시키는 것으로서 주차 외의 정지 상태

정답 ①

09 도로법령상 운전자가 차 또는 노면전차를 즉시 정지시킬 수 있는 정도의 느린 속도로 진행하는 것은?

① 운전
② 일시정지
③ 서행
④ 주차

해설 서행 : 운전자가 차 또는 노면전차를 즉시 정지시킬 수 있는 정도의 느린 속도로 진행하는 것

정답 ③

10 다음 도로법에 따른 도로가 아닌 것은?

① 사도
② 일반국도
③ 농어촌도로
④ 농도

해설 도로법에 따른 도로 : 일반의 교통에 공용되는 도로로서 고속국도, 일반국도, 특별시도·광역시도, 시·도도, 시도, 군도, 구도로 그 노선이 지정 또는 인정된 도로

정답 ①

11 농어촌도로 정비법에 따른 농어촌도로에 해당하지 않는 것은?

① 면도
② 일반국도
③ 농도
④ 이도

> **해설** 농어촌도로 정비법에 따른 농어촌도로 : 농어촌지역 주민의 교통 편익과 생산·유통활동 등에 공용되는 공로 중 고시된 도로를 말한다.
> 1. **면도** : 군도 및 그 상위 등급의 도로(군도 이상의 도로)와 연결되는 읍·면지역의 기간도로
> 2. **이도** : 군도 이상의 도로 및 면도와 갈라져 마을 간이나 주요 산업단지 등과 연결되는 도로
> 3. **농도** : 경작지 등과 연결되어 농어민의 생산활동에 직접 공용되는 도로

> **정답** ②

12 도로교통법령상 교차로에 차마의 일부라도 진입한 경우에 황색의 등화가 켜진 경우 운전자는 어떻게 하여야 하는가?

① 후진하여 정지선으로 이동한다.
② 신속히 교차로 밖으로 진행한다.
③ 그 자리에 정지한다.
④ 좌측으로 이동하여 정지한다.

> **해설** 황색의 등화가 켜진 경우 차마는 정지선이 있거나 횡단보도가 있을 때에는 그 직전이나 교차로의 직전에 정지하여야 하며, 이미 교차로에 차마의 일부라도 진입한 경우에는 신속히 교차로 밖으로 진행하여야 한다.

> **정답** ②

13 도로교통법령상 차량신호등인 황색등화의 점멸 신호가 뜻하는 의미는?

① 신속히 직진하여야 한다.
② 일시정지한 후 녹색등화기가 들어올 때까지 기다려야 한다.
③ 정지선 또는 교차로에 일단정지 하여야 한다.
④ 다른 교통에 주의하면서 진행할 수 있다.

> **해설** 황색등화가 점멸일 때에는 다른 교통에 주의하면서 진행할 수 있다.

> **정답** ④

14 도로교통법령상 우회전 삼색등이 적색의 등화인 경우 통행방법은?

① 일시 서행한다.
② 안전표지의 표시에 주의하면서 진행할 수 있다.
③ 좌회전 할 수 있다.
④ 우회전할 수 없다.

> **해설** 차마는 우회전 삼색등이 적색의 등화인 경우 우회전할 수 없다.

> **정답** ④

15 도로교통법령상 도로에서 적색 등화가 점멸하는 곳의 통행방법은?

① 빠른 속도로 진행한다.
② 서행한다.
③ 도로 진입을 멈추고 우회도로를 이용한다.
④ 일시정지한 후 다른 교통에 주의하면서 진행한다.

> **해설** 도로에서 적색 등화가 점멸하는 곳에서는 일시정지한 후 다른 교통에 주의하면서 진행할 수 있다.

정답 ④

16 도로교통법령상 화살표등화의 경우 통행방법으로 옳지 않은 것은?

① 황색화살표의 등화 : 이미 교차로에 차마의 일부라도 진입한 경우에는 신속히 교차로 밖으로 진행하여야 한다.
② 적색화살표의 등화 : 화살표시 방향으로 진행하려는 차마는 정지선, 횡단보도 및 교차로의 직전에서 정지하여야 한다.
③ 황색화살표등화의 점멸 : 차마는 다른 교통 또는 안전표지의 표시에 주의하면서 화살표시 방향으로 진행할 수 있다.
④ 적색화살표등화의 점멸 : 차마는 정지선이나 횡단보도가 있을 때에는 다른 교통에 주의하면서 화살표시 방향으로 진행할 수 있다.

> **해설** **적색화살표등화의 점멸** : 차마는 정지선이나 횡단보도가 있을 때에는 그 직전이나 교차로의 직전에 일시정지한 후 다른 교통에 주의하면서 화살표시 방향으로 진행할 수 있다.

정답 ④

17 도로교통법령상 보행 신호등이 녹색 등화의 점멸일 경우 통행방법은?

① 보행자는 횡단을 시작하여서는 아니 된다.
② 보행자는 횡단보도를 횡단하여서는 아니 된다.
③ 보행자는 횡단보도를 횡단할 수 있다.
④ 횡단을 중지하고 정지해야 한다.

> **해설** 녹색 등화의 점멸 : 보행자는 횡단을 시작하여서는 아니 되고, 횡단하고 있는 보행자는 신속하게 횡단을 완료하거나 그 횡단을 중지하고 보도로 되돌아와야 한다.

정답 ①

18 도로교통법령상 교통안전에 필요한 주의·규제·지시 등을 표시하는 표지판이나 도로의 바닥에 표시하는 기호·문자 또는 선 등을 말하는 것은?

① 보조표지
② 주의표지
③ 안전표지
④ 제한표지

> **해설** **안전표지** : 교통안전에 필요한 주의·규제·지시 등을 표시하는 표지판이나 도로의 바닥에 표시하는 기호·문자 또는 선 등을 말한다.

정답 ③

19 도로교통법령상 보기의 내용과 관련이 있는 표시는?

> 도로상태가 위험하거나 도로 또는 그 부근에 위험물이 있는 경우에 필요한 안전조치를 할 수 있도록 이를 도로사용자에게 알리는 표지

① 주의표시
② 규제표지
③ 노면표지
④ 지시표지

> **해설** 주의표지 : 도로상태가 위험하거나 도로 또는 그 부근에 위험물이 있는 경우에 필요한 안전조치를 할 수 있도록 이를 도로사용자에게 알리는 표지

정답 ①

20 도로교통법령상 노면표시에 사용되는 각종 선에서 점선이 표시하는 내용은?

① 허용
② 금지
③ 제한
④ 강조

> **해설** 노면표시에 사용되는 각종 선에서 점선은 허용, 실선은 제한, 복선은 의미의 강조를 나타낸다.

정답 ①

21 도로교통법령상 노면표시의 기본색상 중 적색이 아닌 것은?

① 어린이보호구역
② 동일방향의 교통류 분리
③ 주거지역 안에 설치하는 속도제한표시의 테두리선
④ 소방시설 주변 정차·주차금지

> **해설** 적색 : 어린이보호구역 또는 주거지역 안에 설치하는 속도제한표시의 테두리선 및 소방시설 주변 정차·주차금지 표시에 사용

정답 ②

22 노면표시의 기본색상에 대한 설명으로 맞는 것은?

① 백색 : 반대방향의 교통류 분리 표시
② 황색 : 동일방향의 교통류 분리 표시
③ 적색 : 안전지대표시
④ 청색 : 버스전용차로 표시

> **해설** ① 백색 : 동일방향의 교통류 분리 및 경계 표시
> ② 황색 : 반대방향의 교통류 분리 또는 도로이용의 제한 및 지시 표시
> ③ 적색 : 어린이보호구역 또는 주정차금지 표시

정답 ④

23 도로교통법상 편도 2차로의 고속도로에서 2차로로 통행할 수 있는 차량은?

① 중형 승합자동차
② 모든 자동차
③ 화물자동차
④ 승용자동차

> **해설** 편도 2차로의 고속도로에서 2차로로 통행할 수 있는 차량은 모든 자동차가 통행할 수 있다.

정답 ②

24 도로교통법상 편도 3차로의 고속도로에서 왼쪽 차로로 통행할 수 없는 차량은?

① 소형 승합자동차
② 중형 승합자동차
③ 화물자동차
④ 승용자동차

> **해설** 왼쪽 차로로 통행할 수 있는 차량 : 승용자동차 및 경형·소형·중형 승합자동차

정답 ③

25 도로교통법상 차로에 따른 통행차의 기준에 의한 통행방법으로 옳지 않은 것은?

① 보도와 차도가 구분된 도로에서는 차도를 통행하여야 한다.
② 도로의 중앙 우측 부분을 통행하여야 한다.
③ 도로 외의 곳으로 출입할 때에는 보도를 횡단하여 통행할 수 있다.
④ 도로 외의 곳으로 출입할 때 차마의 운전자는 보도를 횡단하기 직전에 서행하여야 한다.

> **해설** 도로 외의 곳으로 출입할 때 차마의 운전자는 보도를 횡단하기 직전에 일시정지하여 좌측과 우측 부분 등을 살핀 후 보행자의 통행을 방해하지 아니하도록 횡단하여야 한다.

정답 ④

26 도로교통법상 운전자가 도로의 중앙이나 좌측부분을 통행할 수 없는 경우는?

① 도로가 일방통행인 경우
② 도로 우측부분의 폭이 차마의 통행에 충분하지 않은 경우
③ 안전표지 등으로 앞지르기가 금지 또는 제한된 경우
④ 도로공사로 인하여 도로의 우측부분을 통행할 수 없는 경우

> **해설** 안전표지 등으로 앞지르기를 금지하거나 제한하고 있는 경우, 도로의 좌측 부분을 확인할 수 없는 경우, 반대 방향의 교통을 방해할 우려가 있는 경우는 좌측부분을 통행할 수 없다.

정답 ③

27 도로교통법상 차량의 통행방법으로 바르지 않은 것은?

① 차마의 운전자는 보도와 차도가 구분된 도로에서는 차도를 통행하여야 한다.

② 도로의 중앙 좌측 부분을 통행하여야 한다.

③ 안전표지로 통행이 허용된 장소를 제외하고는 자전거도로 또는 길가장자리구역으로 통행하여서는 아니 된다.

④ 도로의 진출입 부분에서 진출입하는 때에는 차로에 따른 통행차의 기준에 따르지 아니할 수 있다.

> **해설** 운전자는 도로의 중앙 우측 부분을 통행하여야 한다.

정답 ②

28 도로교통법상 도로의 가장 오른쪽에 있는 차로로 통행하여야 하는 차마가 아닌 것은?

① 자전거

② 소형 승합자동차

③ 우마

④ 지정수량 이상의 위험물을 운반하는 자동차

> **해설** 다음의 차마는 도로의 가장 오른쪽에 있는 차로로 통행하여야 한다.
> 1. 자전거
> 2. 우마
> 3. 덤프트럭, 아스팔트살포기, 노상안정기, 콘크리트믹서트럭, 콘크리트펌프, 천공기(트럭 적재식) 이외의 건설기계
> 4. 다음의 위험물 등을 운반하는 자동차 : 지정수량 이상의 위험물, 화약류, 유독물질, 의료폐기물, 고압가스, 액화석유가스, 방사성물질 또는 그에 따라 오염된 물질, 제조 등의 금지 유해물질과 허가대상 유해물질, 원제
> 5. 그 밖에 사람 또는 가축의 힘이나 그 밖의 동력으로 도로에서 운행되는 것

정답 ②

29 도로교통법상 안전거리를 바르게 설명한 것은?

① 앞차와의 거리가 80m 이상인 거리

② 앞차가 갑자기 정지하게 되는 경우 그 앞차와의 충돌을 피할 수 있는 필요한 거리

③ 앞차가 갑자기 정지하게 되는 경우 인사사고가 나지 않을 거리

④ 앞차가 갑자기 정지하게 되는 경우 대물 교통사고가 나지 않을 거리

> **해설** 안전거리 : 앞차가 갑자기 정지하게 되는 경우 그 앞차와의 충돌을 피할 수 있는 필요한 거리

정답 ②

30 도로교통법상 자동차의 안전거리 확보에 관한 것이 옳지 않은 것은?

① 앞차와의 충돌을 피할 수 있는 필요한 거리를 확보하여야 한다.

② 차의 진로를 변경하려는 경우에 다른 차의 정상적인 통행에 장애를 줄 우려가 있을 때에는 진로를 변경하여서는 아니 된다.

③ 차를 갑자기 정지시키거나 속도를 줄이는 등의 급제동을 하여서는 아니 된다.

④ 앞지르기를 할 때에는 지정된 차로의 오른쪽 바로 옆 차로로 통행할 수 있다.

> **해설** 앞지르기를 할 때에는 지정된 차로의 왼쪽 바로 옆 차로로 통행할 수 있다.

정답 ④

31 도로교통법상 진로양보에 관한 내용으로 바르지 않은 것은?

① 비탈진 좁은 도로에서 자동차가 서로 마주보고 진행하는 경우에는 내려가는 자동차는 진로를 양보하여야 한다.

② 뒤에서 따라오는 차보다 느린 속도로 가려는 경우에는 도로의 우측 가장자리로 피하여 진로를 양보하여야 한다.

③ 좁은 도로에서 물건을 실은 자동차가 서로 마주보고 진행하는 경우에는 물건을 싣지 아니한 자동차가 진로를 양보하여야 한다.

④ 좁은 도로에서 사람을 태운 자동차와 동승자가 서로 마주보고 진행하는 경우에는 동승자가 없는 자동차가 진로를 양보하여야 한다.

> **해설** 비탈진 좁은 도로에서 자동차가 서로 마주보고 진행하는 경우에는 올라가는 자동차는 진로를 양보하여야 한다.

정답 ①

32 도로교통법상 승차 또는 적재의 방법과 제한이 바르지 않은 것은?

① 타고 있는 사람이 떨어지지 아니하도록 묶는 등의 조치를 한다.

② 화물이 떨어지지 아니하도록 덮개를 씌운다.

③ 영유아나 동물을 안고 운전 장치를 조작하지 않는다.

④ 안전에 지장을 줄 우려가 있는 상태로 운전하여서는 아니 된다.

> **해설** 모든 차 또는 노면전차의 운전자는 운전 중 타고 있는 사람 또는 타고 내리는 사람이 떨어지지 아니하도록 하기 위하여 문을 정확히 여닫는 등 필요한 조치를 하여야 한다.

정답 ①

33 도로교통법상 차의 운전자에 대하여 승차 인원, 적재중량 또는 적재용량을 제한할 수 있는 자는?

① 경찰서장
② 시·도지사
③ 시·도경찰청장
④ 경찰청장

> **해설** 시·도경찰청장은 도로에서의 위험을 방지하고 교통의 안전과 원활한 소통을 확보하기 위하여 필요하다고 인정하는 경우에는 차의 운전사에 대하여 승차 인원, 적재중량 또는 적재용량을 제한할 수 있다.

정답 ③

34 도로교통법상 화물의 높이가 바르지 않은 것은?

① 화물자동차 : 지상으로부터 4미터
② 화물자동차 : 도로구조의 보전과 통행의 안전에 지장이 없다고 인정하여 고시한 도로노선의 경우에는 4.2미터
③ 소형 3륜자동차 : 지상으로부터 3.5미터
④ 이륜자동차 : 지상으로부터 2미터

> **해설** 높이 : 화물자동차는 지상으로부터 4미터(도로구조의 보전과 통행의 안전에 지장이 없다고 인정하여 고시한 도로노선의 경우에는 4.2미터), 소형 3륜자동차는 지상으로부터 2.5미터, 이륜자동차는 지상으로부터 2미터의 높이

정답 ③

35 도로교통법령에 따른 안전기준을 넘는 화물의 적재 허가를 받은 사람이 달아야 하는 표지는?

① 폭의 양끝에 너비 10cm, 길이 10cm 이상의 흰색 헝겊으로 된 표지

② 폭의 양끝에 너비 20cm, 길이 20cm 이상의 흰색 헝겊으로 된 표지

③ 폭의 양끝에 너비 20cm, 길이 30cm 이상의 빨간 헝겊으로 된 표지

④ 폭의 양끝에 너비 30cm, 길이 50cm 이상의 빨간 헝겊으로 된 표지

> **해설** 안전기준을 넘는 화물의 적재허가를 받은 사람은 그 길이 또는 폭의 양끝에 너비 30cm, 길이 50cm 이상의 빨간 헝겊으로 된 표지를 달아야 한다.

정답 ④

36 도로교통법령상 일반도로에서 최고속도의 연결이 바르지 않은 것은?

① 주거지역·상업지역 및 공업지역 : 매시 50km 이내

② 지정한 노선 또는 구간의 일반도로 : 매시 60km 이내

③ 주거지역·상업지역 및 공업지역 외 편도 2차로 이상 : 매시 80km 이내

④ 주거지역·상업지역 및 공업지역 외 편도 1차로 : 매시 90km 이내

> **해설** 주거지역·상업지역 및 공업지역 외 편도 1차로 : 매시 60km 이내

정답 ④

37 도로교통법령상 자동차 전용도로의 최고속도는?

① 매시 60km

② 매시 70km

③ 매시 90km

④ 매시 100km

> **해설** 자동차 전용도로의 최고속도 : 매시 90km, 최저속도 : 매시 30km

정답 ③

38 도로교통법령상 편도 2차로 이상 지정·고시한 노선 또는 구간의 고속도로의 최고속도는?

① 매시 90km 이내

② 매시 100km 이내

③ 매시 120km 이내

④ 매시 150km 이내

> **해설** 편도 2차로 이상 지정·고시한 노선 또는 구간의 고속도로의 최고속도 : 매시 120km 이내, 최저속도 : 매시 50km

정답 ③

39 도로교통법령상 편도 1차로 고속도로의 최고속도는?

① 매시 90km

② 매시 80km

③ 매시 60km

④ 매시 50km

> **해설** 편도 1차로 고속도로의 최고속도 : 매시 80km

정답 ②

40 도로교통법령상 운행속도를 최저속도의 50/100을 줄인 속도로 운행하여야 하는 경우가 아닌 것은?

① 안개, 폭우, 폭설 등으로 가시거리가 100m 이내인 경우
② 비포장 도로를 운전하는 경우
③ 노면이 얼어붙은 경우
④ 눈이 20㎜ 이상 쌓인 경우

> **해설** 최저속도의 50/100을 줄인 속도로 운행하여야 하는 경우 : 안개, 폭우, 폭설 등으로 가시거리가 100m 이내인 경우, 노면이 얼어붙은 경우, 눈이 20㎜ 이상 쌓인 경우

정답 ②

41 도로교통법령상 서행하여야 하는 경우가 아닌 곳은?

① 교차로에서 좌·우회전할 때
② 교통정리를 하고 있지 아니하는 교차로에 들어가려고 하는 차의 운전자는 그 차가 통행하고 있는 도로의 폭보다 교차하는 도로의 폭이 넓은 경우
③ 모든 차 또는 노면전차의 운전자는 도로에 설치된 안전지대에 보행자가 있는 경우와 차로가 설치되지 아니한 좁은 도로에서 보행자의 옆을 지나는 경우
④ 옆 차로에 다른 차량과 나란히 주행하고 있는 경우

> **해설** 옆 차로에 다른 차량과 나란히 주행하고 있는 경우에는 서행의 의무가 없다.

정답 ④

42 도로교통법령상 서행하여야 하는 장소가 아닌 곳은?

① 비탈길의 고갯마루 부근
② 시·도경찰청장이 안전표지로 지정한 곳
③ 신호에 따라 직진하는 교차로
④ 도로가 구부러진 부근

> **해설** 서행하여야 하는 장소 : 교통정리를 하고 있지 아니하는 교차로, 도로가 구부러진 부근, 비탈길의 고갯마루 부근, 가파른 비탈길의 내리막, 시·도경찰청장이 도로에서의 위험을 방지하고 교통의 안전과 원활한 소통을 확보하기 위하여 필요하다고 인정하여 안전표지로 지정한 곳

정답 ③

43 도로교통법령상 일시 정지하여야 하는 경우가 아닌 곳은?

① 교차로나 그 부근에서 긴급자동차가 접근하는 경우
② 신호기 등이 표시하는 신호가 없는 철길 건널목
③ 교통정리를 하고 있지 아니하고 좌우를 확인할 수 없거나 교통이 빈번한 교차로
④ 차량신호등이 황색의 등화인 경우 정지선이 있거나 횡단보도가 있을 때

> **해설** 차량신호등이 황색의 등화인 경우 차마는 정지선이 있거나 횡단보도가 있을 때에는 정지하여야 한다.

정답 ④

44 도로교통법령상 교차로의 통행방법으로 바르지 않은 것은?

① 우회전은 도로의 우측 가장자리를 서행하면서 우회전하여야 한다.
② 우회전하는 차의 운전자는 신호에 따라 정지하거나 진행하는 보행사 또는 자전거는 무시하도록 한다.
③ 모든 차의 운전자는 교통정리를 하고 있지 아니하고 일시정지나 양보를 표시하는 안전표지가 설치되어 있는 교차로에 들어가려고 할 때에는 다른 차의 진행을 방해하지 아니하도록 일시정지하거나 양보하여야 한다.
④ 다른 차의 통행에 방해가 될 우려가 있는 경우에는 그 교차로에 들어가서는 아니 된다.

> **해설** 미리 도로의 우측 가장자리를 서행하면서 우회전하여야 한다. 이 경우 우회전하는 차의 운전자는 신호에 따라 정지하거나 진행하는 보행자 또는 자전거에 주의하여야 한다.

정답 ②

45 도로교통법령상 동시에 교차로에 진입할 때의 양보 운전 방법으로 올바르지 않은 것은?

① 도로의 폭이 넓은 도로에서 진입하려고 하는 경우에는 도로의 폭이 좁은 도로로부터 진입하는 차에 진로를 양보

② 동시에 진입하려고 하는 경우에는 우측도로에서 진입하는 차에 진로를 양보

③ 좌회전하려고 하는 경우에는 직진하려는 차에 진로를 양보

④ 좌회전하려고 하는 경우에는 우회전하려는 차에 진로를 양보

> **해설** 교통정리를 하고 있지 아니하는 교차로에 들어가려고 하는 차의 운전자는 그 차가 통행하고 있는 도로의 폭보다 교차하는 도로의 폭이 넓은 경우에는 서행하여야 하며, 폭이 넓은 도로로부터 교차로에 들어가려고 하는 다른 차가 있을 때에는 그 차에 진로를 양보하여야 한다.

정답 ①

46 도로교통법령상 긴급자동차의 우선통행에 관한 내용으로 바르지 않은 것은?

① 정지하여야 하는 경우에도 불구하고 긴급하고 부득이한 경우에는 정지하지 아니할 수 있다.

② 긴급하고 부득이한 경우에 교통안전에 특히 주의하면서 통행하여야 한다.

③ 긴급자동차는 긴급한 용도로 운행하지 아니하는 경우에는 경광등을 켜거나 사이렌을 작동할 수 있다.

④ 긴급자동차에 대하여는 끼어들기 금지를 적용하지 아니한다.

> **해설** 소방차·구급차·혈액 공급차량 등의 자동차 운전자는 해당 자동차를 그 본래의 긴급한 용도로 운행하지 아니하는 경우에는 「자동차관리법」에 따라 설치된 경광등을 켜거나 사이렌을 작동하여서는 아니 된다.

정답 ③

47 도로교통법령상 긴급자동차에 대한 특례에 해당하지 않은 것은?

① 보도침범
② 갓길 통행금지
③ 고장 등의 조치
④ 끼어들기 금지

> **해설** 긴급자동차에 대한 특례 : 자동차의 속도 제한, 앞지르기 금지, 끼어들기 금지, 신호위반, 보도침범, 중앙선 침범, 횡단 등의 금지, 안전거리 확보 등, 앞지르기 방법 등, 정차 및 주차의 금지, 주차금지, 고장 등의 조치

정답 ②

48 도로교통법령상 운송사업용 자동차 또는 화물자동차 운전자의 금지행위가 아닌 것은?

① 승차를 거부하는 행위

② 운행기록계를 원래의 목적대로 사용하지 아니하고 자동차를 운전하는 행위

③ 사용할 수 없는 운행기록계가 설치된 자동차를 운전하는 행위

④ 연료를 채우지 아니하고 운전하는 행위

> **해설** 운송사업용 자동차 또는 화물자동차 운전자의 금지행위 : 운행기록계가 설치되어 있지 아니하거나 고장 등으로 사용할 수 없는 운행기록계가 설치된 자동차를 운전하는 행위, 운행기록계를 원래의 목적대로 사용하지 아니하고 자동차를 운전하는 행위, 승차를 거부하는 행위

정답 ④

49 도로교통법령상 자동차의 정비불량표지를 붙이는 곳은?

① 자동차등의 앞면 창유리
② 자동차등의 뒷면 창유리
③ 자동차등의 우측 옆면 창유리
④ 자동차등의 좌측 옆면 창유리

해설 국가경찰공무원이 운전의 일시정지를 명하는 경우에는 정비불량표지를 자동차등의 앞면 창유리에 붙이고, 정비명령서를 교부하여야 한다.

정답 ①

50 도로교통법령상 시·도경찰청장이 운전의 일시정지를 명하는 경우의 조치로 옳지 않은 것은?

① 국가경찰공무원이 운전의 일시정지를 명하는 경우에는 정비불량표지를 자동차등의 앞면 창유리에 붙인다.
② 국가경찰공무원이 운전의 일시정지를 명하는 경우 정비명령서를 교부하여야 한다.
③ 정비불량표지는 시·도경찰청장의 정비확인을 받지 아니하고는 이를 떼어내지 못한다.
④ 차량 소유자가 아닌 자는 자동차등에 붙인 정비불량표지를 찢을 수 있다.

해설 누구든지 자동차등에 붙인 정비불량표지를 찢거나 훼손하여 못쓰게 하여서는 아니되며, 시·도경찰청장의 정비확인을 받지 아니하고는 이를 떼어내지 못한다.

정답 ④

51 도로교통법령상 제1종 대형면허로 운전할 수 있는 차량이 아닌 것은?

① 화물자동차
② 3톤 미만의 지게차
③ 승합자동차
④ 대형견인차

해설 제1종 대형면허는 특수자동차를 운전할 수 있다. 다만, 대형견인차, 소형견인차 및 구난차는 제외한다.

정답 ④

52 도로교통법령상 제2종 보통면허로 운전할 수 있는 차량이 아닌 것은?

① 승용자동차
② 총중량 3.5톤 이하의 특수자동차
③ 적재중량 4톤 이하의 화물자동차
④ 승차정원 11명 이하의 승합자동차

해설 제2종 보통면허로 승차정원 10명 이하의 승합자동차를 운전할 수 있다.

정답 ④

53 도로교통법령상 무면허운전 금지 규정을 3회 이상 위반하여 자동차 및 원동기장치자전거를 운전한 경우에는 그 위반한 날부터 몇 년 이내에 운전면허를 받을 수 없는가?

① 5년　　② 3년
③ 2년　　④ 1년

해설 무면허운전 금지 규정을 3회 이상 위반하여 자동차 및 원동기장치자전거를 운전한 경우에는 그 위반한 날부터 2년 이내에 운전면허를 받을 수 없다.

정답 ③

54 도로교통법령상 운전면허가 취소된 날부터 2년 이내에 운전면허를 받을 수 없는 경우가 아닌 것은?

① 경찰공무원의 음주운전 여부측정을 3회 이상 위반하여 운전면허가 취소된 경우

② 공동 위험행위의 금지를 2회 이상 위반하여 운전면허가 취소된 경우

③ 무면허운전 금지 규정에 위반하여 자동차 및 원동기장치자전거를 운전한 경우

④ 다른 사람의 자동차 등을 훔치거나 빼앗은 경우

> **해설** 무면허운전 금지 규정에 위반하여 자동차 및 원동기장치자전거를 운전한 경우에는 그 위반한 날(운전면허효력 정지기간에 운전하여 취소된 경우에는 그 취소된 날)부터 1년(원동기장치자전거면허를 받으려는 경우에는 6개월, 공동 위험행위의 금지 규정을 위반한 경우에는 그 위반한 날부터 1년)

> **정답** ③

55 무면허운전 금지, 음주운전 금지, 과로·질병·약물의 영향과 그 밖의 사유로 정상적으로 운전하지 못할 우려가 있는 상태에서 자동차 및 원동기장치자전거 운전금지, 공동 위험행위의 금지 규정 외의 사유로 사람을 사상한 후 구호조치 및 사고발생에 따른 신고를 하지 아니한 경우 몇 년 이내에 운전면허의 취득이 금지되는가?

① 3년　　　　② 4년
③ 5년　　　　④ 10년

> **해설** 무면허운전 금지, 음주운전 금지, 과로·질병·약물의 영향과 그 밖의 사유로 정상적으로 운전하지 못할 우려가 있는 상태에서 자동차 및 원동기장치자전거 운전금지, 공동 위험행위의 금지 규정 외의 사유로 사람을 사상한 후 구호조치 및 사고발생에 따른 신고를 하지 아니한 경우에는 운전면허가 취소된 날부터 4년 이내에 운전면허의 취득이 금지된다.

> **정답** ②

56 도로교통법령상 운전면허 행정처분기준의 감경사유에 해당하는 것은?

① 교통사고를 일으키고 도주한 운전자를 검거하여 경찰서장 이상의 표창을 받은 사람

② 혈중알코올농도가 0.1퍼센트를 초과하여 운전한 경우

③ 음주운전 중 인적피해 교통사고를 일으킨 경우

④ 과거 5년 이내에 음주운전의 전력이 있는 경우

> **해설** 감경사유 : 운전이 가족의 생계를 유지할 중요한 수단이 되거나, 모범운전자로서 처분당시 3년 이상 교통봉사활동에 종사하고 있거나, 교통사고를 일으키고 도주한 운전자를 검거하여 경찰서장 이상의 표창을 받은 사람

> **정답** ①

57 도로교통법령상 운전면허의 취소처분에 해당하는 처분벌점은?

① 90점　　　　② 110점
③ 120점　　　　④ 150점

> **해설** 위반행위에 대한 처분기준이 운전면허의 취소처분에 해당하는 경우에는 해당 위반행위에 대한 처분벌점을 110점으로 한다.

> **정답** ②

58 도로교통법령상 술에 만취한 상태의 기준은?

① 혈중알코올농도 0.01% 이상

② 혈중알코올농도 0.03% 이상

③ 혈중알코올농도 0.08% 이상

④ 혈중알코올농도 0.10% 이상

> **해설** 술에 만취한 상태 : 혈중알코올농도 0.08% 이상

> **정답** ③

59 도로교통법령상 운전면허의 결격사유가 아닌 것은?

① 뇌전증환자

② 앞을 보지 못하는 사람

③ 앉아 있을 수 없는 사람

④ 한쪽 팔을 전혀 쓸 수 없는 사람

> **해설** 양팔을 전혀 쓸 수 없는 사람이 운전면허의 결격사유에 해당한다.

정답 ④

60 도로교통법령상 술에 취한 상태의 기준을 넘어서 운전한 때의 벌점은?

① 90점　　　　　② 100점

③ 110점　　　　④ 120점

> **해설** 술에 취한 상태의 기준을 넘어서 운전한 때(혈중알코올농도 0.03% 이상 0.08% 미만) : 100점

정답 ②

61 도로교통법령상 벌점이 40점에 해당하지 아니하는 것은?

① 난폭운전으로 형사입건된 때

② 승객의 차내 소란행위 방치 운전

③ 통행구분 위반(중앙선 침범에 한함)

④ 공동 위험행위 또는 난폭운전으로 형사입건된 때

> **해설** 통행구분 위반(중앙선 침범에 한함) : 30점

정답 ③

62 도로교통법령상 운전 중 휴대용 전화를 사용할 경우 벌점은?

① 10점　　　　　② 15점

③ 30점　　　　　④ 60점

> **해설** 운전 중 휴대용 전화 사용 : 15점

정답 ②

63 도로교통법령상 교통사고로 인한 사망의 기준시점은?

① 사고발생 시부터 24시간 이내에 사망한 때

② 사고발생 시부터 36시간 이내에 사망한 때

③ 사고발생 시부터 48시간 이내에 사망한 때

④ 사고발생 시부터 72시간 이내에 사망한 때

> **해설** 사망 : 사고발생 시부터 72시간 이내에 사망한 때

정답 ④

64 도로교통법령상 교통사고로 부상신고 1명마다 부과하는 벌점은?

① 2점　　　　　② 5점

③ 15점　　　　④ 90점

> **해설** 교통사고로 부상신고 1명마다 : 2점

정답 ①

part
01

교통 및 화물 관련 법규

65 도로교통법령상 자동차등 대 사람 교통사고의 경우 쌍방과실인 때에 벌점 감경기준은?

① 2분의 1로 감경

② 3분의 1로 감경

③ 4분의 1로 감경

④ 5분의 1로 감경

> **해설** 자동차등 대 사람 교통사고의 경우 쌍방과실인 때에는 그 벌점을 2분의 1로 감경한다.

정답 ①

66 도로교통법령상 교통사고를 일으킨 즉시 사상자를 구호하는 등 조치를 하지 아니하였으나 48시간 이내에 자진신고를 한 때의 벌점은?

① 60점

② 50점

③ 30점

④ 15점

> **해설** 교통사고를 일으킨 즉시 사상자를 구호하는 등 조치를 하지 아니하였으나 48시간 이내에 자진신고를 한 때 : 60점

정답 ①

67 도로교통법령상 여성가족부장관이 운전면허 정지처분을 요청하는 경우 운전면허 행정처분기준은?

① 정지기간 50일

② 정지기간 100일

③ 정지기간 150일

④ 정지기간 300일

> **해설** 여성가족부장관이 운전면허 정지처분을 요청하는 경우 운전면허 행정처분기준 : 정지기간 100일

정답 ②

68 도로교통법령상 승용자동차등의 경우 회전교차로 통행방법 위반일 때의 범칙금은?

① 5만원

② 6만원

③ 7만원

④ 10만원

> **해설** 승용자동차등의 경우 회전교차로 통행방법 위반 : 6만원

정답 ②

69 도로교통법령상 승합자동차가 화물 적재함에의 승객 탑승 운행 행위의 범칙금은?

① 4만원

② 5만원

③ 6만원

④ 7만원

> **해설** 승합자동차가 화물 적재함에의 승객 탑승 운행 행위 : 6만원

정답 ③

제 **2** 장

PART 1 교통 및 화물 관련 법규

교통사고처리특례법 [적중문제]

CBT 대비
필기문제

QUALIFICATION TEST FOR CARGO WORKERS

01 차의 운전자가 업무상 필요한 주의를 게을리하거나 중대한 과실로 다른 사람의 건조물이나 그 밖의 재물을 손괴한 때의 처벌은?

① 1년 이하의 금고나 500만원 이하의 벌금
② 1년 이하의 금고나 1,000만원 이하의 벌금
③ 2년 이하의 금고나 500만원 이하의 벌금
④ 2년 이하의 금고나 1,000만원 이하의 벌금

> **해설** 차의 운전자가 업무상 필요한 주의를 게을리하거나 중대한 과실로 다른 사람의 건조물이나 그 밖의 재물을 손괴한 때에는 2년 이하의 금고나 500만원 이하의 벌금에 처한다.

정답 ③

02 교통사고처리특례법 적용 배제 사유가 아닌 것은?

① 운전 중 휴대폰 사용 사고
② 승객추락방지의무 위반사고
③ 음주운전 사고
④ 앞지르기 방법 위반 사고

> **해설** 운전 중 휴대폰 사용 사고는 교통사고처리특례법의 적용 배제 사유가 아니다.

정답 ①

03 교통사고특례가 배제되는 12대 항목이 아닌 것은?

① 보도침범·보도횡단방법 위반사고
② 철길 건널목 통과방법 위반사고
③ 승객추락방지의무 위반사고
④ 운전면허증 소지위반

> **해설** 운전면허증 소지위반은 교통사고특례가 배제되는 12대 항목이 아니다.

정답 ④

04 처벌이 가중되는 교통사고에 의한 사망은 교통사고가 주된 원인이 되어 교통사고 발생 시부터 며칠 이내에 사람이 사망한 사고를 말하는가?

① 7일 이내
② 10일 이내
③ 20일 이내
④ 30일 이내

> **해설** 처벌이 가중되는 교통사고에 의한 사망은 교통사고가 주된 원인이 되어 교통사고 발생 시부터 30일 이내에 사람이 사망한 사고를 말한다.

정답 ④

05 교통사고로 피해자를 사망에 이르게 하고 도주하거나, 도주 후에 피해자가 사망한 경우의 처벌은?

① 무기 또는 10년 이상의 징역
② 무기 또는 5년 이상의 징역
③ 10년 이상의 징역
④ 5년 이상의 징역

> **해설** 피해자를 사망에 이르게 하고 도주하거나, 도주 후에 피해자가 사망한 경우 : 무기 또는 5년 이상의 징역에 처한다.

정답 ②

06 피해자를 사망에 이르게 하고 피해자를 사고 장소로부터 옮겨 도주하거나, 도주 후에 피해자가 사망한 경우의 처벌은?

① 사형, 무기 또는 10년 이상의 징역
② 사형, 무기 또는 5년 이상의 징역
③ 무기 또는 3년 이상의 징역
④ 5년 이상의 징역

> **해설** 피해자를 사망에 이르게 하고 피해자를 사고 장소로부터 옮겨 도주하거나, 도주 후에 피해자가 사망한 경우 : 사형, 무기 또는 5년 이상의 징역에 처한다.

정답 ②

07 다음은 도주(뺑소니)사고의 성립요건이다. 바르게 나열한 것은?

> ㉠ 피해자의 사상 사실 인식(예견됨에도)
> ㉡ 병원후송 등 적절한 조치 없이
> ㉢ 피해자를 방치한 채 현장을 이탈한 경우 등
> ㉣ 사고야기자로써 확정될 수 없는 상태를 초래

① ㉠→㉡→㉢→㉣
② ㉠→㉢→㉡→㉣
③ ㉠→㉡→㉣→㉢
④ ㉠→㉢→㉣→㉡

> **해설** 도주(뺑소니)사고의 성립요건 : 피해자의 사상 사실 인식(예견됨에도) → 병원후송 등 적절한 조치 없이 → 피해자를 방치한 채 현장을 이탈한 경우 등 → 사고야기자로써 확정될 수 없는 상태를 초래

정답 ①

08 다음 교통사고로 인한 도주가 적용되는 경우는?

① 교통사고 장소가 혼잡하여 도저히 정지할 수 없어 일부 진행한 후 정지하고 되돌아와 조치한 경우
② 가해자 및 피해자 일행 또는 경찰관이 환자를 후송 조치하는 것을 보고 연락처 주고 가버린 경우
③ 피해자가 부상 사실이 극히 경미하여 구호조치가 필요치 않는 경우
④ 운전자를 바꿔치기 하여 신고한 경우

> **해설** 운전자를 바꿔치기 하여 신고한 경우는 도주사고에 해당한다.

정답 ④

09 다음 도주사고에 해당하지 아니하는 경우는?

① 교통사고 장소가 혼잡하여 도저히 정지할 수 없어 일부 진행한 후 정지하고 되돌아와 조치한 경우
② 피해자를 병원까지만 후송하고 계속 치료 받을 수 있는 조치 없이 도주한 경우
③ 피해자를 방치한 채 사고현장을 이탈 도주한 경우
④ 부상피해자에 대한 적극적인 구호조치 없이 가버린 경우

> **해설** 도주가 적용되지 않는 경우
> 1. 피해자가 부상 사실이 없거나 극히 경미하여 구호조치가 필요치 않는 경우
> 2. 가해자 및 피해자 일행 또는 경찰관이 환자를 후송 조치하는 것을 보고 연락처 주고 가버린 경우
> 3. 교통사고 가해운전자가 심한 부상을 입어 타인에게 의뢰하여 피해자를 후송 조치한 경우
> 4. 교통사고 장소가 혼잡하여 도저히 정지할 수 없어 일부 진행한 후 정지하고 되돌아와 조치한 경우

정답 ①

10 다음 황색주의신호에 관한 내용이 옳지 않은 것은?

① 대부분 선신호 차량 신호위반과 관련된다.
② 선·후신호 진행차량 간 사고를 예방하기 위한 제도적 장치이다.
③ 황색주의신호는 기본 10초이다.
④ 초당거리 역산 신호위반을 입증한다.

> **해설** 황색주의신호 기본 3초 : 큰 교차로는 다소연장하나 6초 이상의 황색신호가 필요한 경우에는 교차로에서 녹색신호가 나오기 전에 출발하는 경향이 있다.

정답 ③

11 다음 신호·지시위반사고의 성립요건 중 장소적 요건이 아닌 것은?

① 경찰관 등의 수신호
② 신호기의 고장이나 황색 점멸신호등의 경우
③ 신호기가 설치되어 있는 교차로
④ 지시표지판이 설치된 구역 내

> **해설** 신호·지시위반사고의 성립요건 중 장소적 요건
> 1. 신호기가 설치되어 있는 교차로나 횡단보도
> 2. 경찰관 등의 수신호
> 3. 지시표지판(규제표지 중 통행금지·진입금지·일시정지표지)이 설치된 구역 내

정답 ②

12 다음 중앙선 침범의 한계로 보는 것은?

① 차체 전부가 중앙선을 넘은 경우
② 한쪽 바퀴가 중앙선을 넘은 경우
③ 두 바퀴가 중앙선을 넘은 경우
④ 차체의 일부라도 걸치는 경우

> **해설** 중앙선침범의 한계 : 사고의 참혹성과 예방목적상 차체의 일부라도 걸치면 중앙선침범 적용

> **정답** ④

13 다음 고의 또는 의도적인 중앙선침범 사고가 아닌 것은?

① 긴급자동차가 중앙선을 침범한 경우
② 오던 길로 되돌아가기 위해 U턴 하며 중앙선을 침범한 경우
③ 중앙선을 침범하거나 걸친 상태로 계속 진행한 경우
④ 황색점선으로 된 중앙선을 넘어 회전 중 발생한 사고 또는 추월 중 발생한 경우

> **해설** 예외사항 : 긴급자동차, 도로보수 유지 작업차, 사고응급조치 작업차가 중앙선을 침범한 경우

> **정답** ①

14 다음 현저한 부주의로 중앙선침범 이전에 선행된 중대한 과실사고가 아닌 것은?

① 전방주시 태만으로 인한 중앙선침범
② 제한속력 내 운행 중 미끄러지며 발생한 경우
③ 빗길에 과속으로 운행하다가 미끄러지며 중앙선을 침범한 사고
④ 졸다가 뒤늦게 급제동하여 중앙선을 침범한 사고

> **해설** 제한속력 내 운행 중 미끄러지며 발생한 경우는 중앙선침범 적용이 불가능하다.

> **정답** ②

15 다음 특례법상 사고로 형사입건되는 사고로 보기 어려운 것은?

① 빗길 과속으로 중앙선침범
② 의도적 U턴, 회전중 중앙선침범 사고
③ 충격에 의한 중앙선침범
④ 고의적 U턴, 회전 중 중앙선침범 사고

> **해설** 충격에 의한 중앙선침범은 공소권 없는 사고이다.

> **정답** ③

16 다음 중앙선침범 사고의 성립요건의 4대 항목이 아닌 것은?

① 장소적 요건
② 피해자적 요건
③ 운전자의 과실
④ 피해손실금

> **해설** 중앙선침범 사고의 성립요건의 4대 항목 : 장소적 요건, 피해자적 요건, 운전자의 과실, 시설물의 설치요건

> **정답** ④

17 다음 사고피양 등 만부득이한 중앙선침범 사고가 아닌 것은?

① 차내 잡담등 부주의로 인한 중앙선침범
② 보행자를 피양하다 중앙선을 침범한 사고
③ 앞차의 정지를 보고 추돌을 피하려다 중앙선을 침범한 사고
④ 빙판길에 미끄러지면서 중앙선을 침범한 사고

> **해설** 차내 잡담등 부주의로 인한 중앙선침범은 중앙선침범이 적용되는 사례이다.

> **정답** ①

18 다음 중앙선침범이 성립되지 않는 사고로 볼 수 없는 것은?

① 학교, 군부대, 아파트 등 단지내 사설 중앙선침범 사고
② 현저한 부주의로 인한 중앙선침범
③ 중앙분리대가 끊어진 곳에서 회전하다가 사고 야기된 경우
④ 중앙선이 없는 굽은 도로에서 중앙부분을 진행 중 사고 발생된 경우

> **해설** 현저한 부주의로 인한 중앙선침범은 중앙선침범이 성립된다.

정답 ②

19 과속 사고의 성립요건 중 운전자적 과실의 내용이 아닌 것은?

① 고속도로나 자동차 전용도로에서 제한 속도 20km/h 초과한 경우
② 속도 제한 표지판 설치 구간에서 제한속도 20km/h를 초과한 경우
③ 비·안개·눈 등으로 인한 악천후 시 감속운행 기준에서 10km/h를 초과한 경우
④ 총중량 2,000kg에 미달자동차를 3배 이상의 자동차로 견인하는 때 30km/h에서 20km/h를 초과한 경우

> **해설** 비·안개·눈 등으로 인한 악천후 시 감속운행 기준에서 20km/h를 초과한 경우에 운전자적 과실이 적용된다.

정답 ③

20 다음 앞지르기 금지 위반 행위가 아닌 것은?

① 실선의 중앙선침범 앞지르기
② 앞차의 좌회전 시 앞지르기
③ 앞지르기 금지장소에서의 앞지르기
④ 우측 차량이 서행할 경우 앞지르기

> **해설** 앞지르기 금지 위반 행위 : 나란히 갈 때 앞지르기, 앞차의 좌회전 시 앞지르기, 위험방지를 위한 정지·서행 시 앞지르기, 앞지르기 금지장소에서의 앞지르기, 실선의 중앙선침범 앞지르기

정답 ④

21 다음 철길 건널목 중 건널목 교통안전표지만 설치하는 건널목은?

① 1종 건널목
② 2종 건널목
③ 3종 건널목
④ 4종 건널목

> **해설** 철길 건널목의 종류

종별	내용
1종 건널목	차단기, 건널목경보기 및 교통안전표지가 설치되어 있는 경우
2종 건널목	경보기와 건널목 교통안전표지만 설치하는 건널목
3종 건널목	건널목 교통안전표지만 설치하는 건널목

정답 ③

22 다음 교통사고처리특례법 적용이 배제되는 사유인 철길건널목 통과방법 위반에 해당되지 않는 경우는?

① 안전미확인 통행 중 사고
② 신호기의 지시에 따라 일시정지하지 아니하고 통과한 경우
③ 고장 시 승객 대피, 차량이동, 조치 불이행
④ 철길건널목 직전 일시정지 불이행

> **해설** 철길 건널목 통과방법을 위반한 과실
> 1. 철길 건널목 직전 일시정지 불이행
> 2. 안전미확인 통행 중 사고
> 3. 고장 시 승객대피, 차량이동조치 불이행

정답 ②

23 다음 무면허 운전에 해당되는 경우로 볼 수 없는 것은?

① 면허정지 기간이 지난 후 운전하는 경우
② 면허종별외 차량을 운전하는 경우
③ 외국인으로 국제운전면허를 받지 않고 운전하는 경우
④ 군인(군속인 자)이 군면허만 취득 소지하고 일반차량을 운전한 경우

> **해설** 면허정지 기간이 지난 후의 경우는 무면허 운전에 해당하지 않는다.

정답 ①

24 다음 승객추락 방지의무 위반 사고 사례가 아닌 것은?

① 운전자가 출발하기 전 그 차의 문을 제대로 닫지 않고 출발함으로써 탑승객이 추락, 부상을 당하였을 경우
② 택시의 경우 승객탑승 후 출입문을 닫기 전에 출발하여 승객이 지면으로 추락한 경우
③ 개문 당시 승객의 손이나 발이 끼어 사고 난 경우
④ 개문발차로 인한 승객의 낙상사고의 경우

> **해설** 개문 당시 승객의 손이나 발이 끼어 사고 난 경우는 적용 배제 사유에 해당한다.

정답 ③

제3장 화물자동차 운수사업법령 [적중문제]

QUALIFICATION TEST FOR CARGO WORKERS

01 다음 대형 화물자동차의 기준으로 옳은 것은?

① 최대적재량이 1톤 이상이거나, 총중량이 3톤 이상인 것
② 최대적재량이 1톤 이상이거나, 총중량이 5톤 이상인 것
③ 최대적재량이 3.5톤 이상이거나, 총중량이 10톤 이상인 것
④ 최대적재량이 5톤 이상이거나, 총중량이 10톤 이상인 것

> **해설** 대형 화물자동차 : 최대적재량이 5톤 이상이거나, 총중량이 10톤 이상인 것

정답 ④

02 다음 특수자동차의 구분이 바르지 않은 것은?

① 경형 : 배기량이 500cc 미만이고 길이 2.5미터, 너비 1.6미터, 높이 2.0미터 이하인 것
② 소형 : 총중량이 3.5톤 이하인 것
③ 중형 : 총중량이 3.5톤 초과 10톤 미만인 것
④ 대형 : 총중량이 10톤 이상인 것

> **해설** 경형 : 배기량이 1,000cc 미만이고 길이 3.6미터, 너비 1.6미터, 높이 2.0미터 이하인 것

정답 ①

03 다음 구난형 특수자동차는?

① 피견인차의 견인을 전용으로 하는 구조인 것
② 전기를 전용으로 하는 구조인 것
③ 특수작업용인 것
④ 고장·사고 등으로 운행이 곤란한 자동차를 구난·견인할 수 있는 구조인 것

> **해설** 구난형 : 고장·사고 등으로 운행이 곤란한 자동차를 구난·견인할 수 있는 구조인 것

정답 ④

04 다음 화물자동차 운수사업에 해당하지 않는 것은?

① 화물자동차 운송사업
② 화물자동차 매매사업
③ 화물자동차 운송주선사업
④ 화물자동차 운송가맹사업

> **해설** 화물자동차 운수사업 : 화물자동차 운송사업, 화물자동차 운송주선사업 및 화물자동차 운송가맹사업을 말한다.

정답 ②

05 화물자동차 운수사업법에 따른 화물자동차 운수사업에 해당하는 것은?

① 화물자동차 운송대리사업
② 특수여객 운송사업
③ 화물자동차 운송협력사업
④ 화물자동차 운송주선사업

> **해설** 화물자동차 운수사업 : 화물자동차 운송사업, 화물자동차 운송주선사업 및 화물자동차 운송가맹사업을 말한다.

정답 ④

06 다른 사람의 요구에 응하여 화물자동차를 사용하여 화물을 유상으로 운송하는 사업은?

① 화물자동차 운송사업
② 화물자동차 운송협력사업
③ 화물자동차 운송주선사업
④ 화물자동차 경영 위탁사업

> **해설** 화물자동차 운송사업 : 다른 사람의 요구에 응하여 화물자동차를 사용하여 화물을 유상으로 운송하는 사업을 말한다.

정답 ①

07 국토교통부장관으로부터 화물자동차 운송가맹사업의 허가를 받은 자는?

① 화물자동차의 운전자

② 화물자동차의 중개인

③ 화물자동차 운송가맹사업자

④ 화물의 운송사무를 보조하는 보조원

해설 **화물자동차 운송가맹사업자** : 국토교통부장관으로부터 화물자동차 운송가맹사업의 허가를 받은 자를 말한다.

정답 ③

08 주사무소 외의 장소인 영업소에서 영위하는 사업이 아닌 것은?

① 화물자동차 운전자가 화물 운송을 중개하는 사업

② 화물자동차 운송가맹사업자가 화물자동차를 배치하여 그 지역의 화물을 운송하는 사업

③ 화물자동차 운송주선사업의 허가를 받은 자가 화물 운송을 주선하는 사업

④ 화물자동차 운송사업의 허가를 받은 자가 화물자동차를 배치하여 그 지역의 화물을 운송하는 사업

해설 **영업소** : 주사무소 외의 장소에서 다음의 어느 하나에 해당하는 사업을 영위하는 곳을 말한다.

1. 화물자동차 운송사업의 허가를 받은 자 또는 화물자동차 운송가맹사업자가 화물자동차를 배치하여 그 지역의 화물을 운송하는 사업

2. 화물자동차 운송주선사업의 허가를 받은 자가 화물 운송을 주선하는 사업

정답 ①

09 다음 화물자동차 안전운임을 모두 고른 것은?

┌─────────────────────────┐
│ ㉠ 화물자동차 안전운송운임 │
│ ㉡ 화물자동차 안전위탁운임 │
│ ㉢ 화물자동차 안전중개운임 │
└─────────────────────────┘

① ㉠   ② ㉡

③ ㉠, ㉡   ④ ㉠, ㉡, ㉢

해설 **화물자동차 안전운임**

1. **화물자동차 안전운송운임** : 화주가 운송사업자, 운송주선사업자 및 운송가맹사업자("운수사업자") 또는 화물차주에게 지급하여야 하는 최소한의 운임

2. **화물자동차 안전위탁운임** : 운수사업자가 화물차주에게 지급하여야 하는 최소한의 운임

정답 ③

10 다음 화물자동차 운송사업의 허가에 관한 내용으로 옳지 않은 것은?

① 화물자동차 운송사업을 경영하려는 자는 국토교통부장관의 허가를 받아야 한다.

② 화물자동차 운송가맹사업의 허가를 받은 자는 국토교통부장관의 허가를 받지 아니한다.

③ 운송사업자가 허가사항을 변경하려면 국토교통부장관의 변경허가를 받아야 한다.

④ 경미한 허가사항을 변경하려면 국토교통부장관에게 허가를 받아야 한다.

해설 경미한 허가사항을 변경하려면 국토교통부령으로 정하는 바에 따라 국토교통부장관에게 신고하여야 한다.

정답 ④

11 다음 화물자동차 운송사업의 허가사항 변경신고의 대상이 아닌 것은?

① 화물자동차의 대폐차
② 상호의 변경
③ 운송종사자의 변경
④ 화물취급소의 설치 또는 폐지

> **해설** 화물자동차 운송사업의 허가사항 중 변경신고의 대상
> 1. 상호의 변경
> 2. 대표자의 변경(법인인 경우만 해당한다)
> 3. 화물취급소의 설치 또는 폐지
> 4. 화물자동차의 대폐차(代廢車)
> 5. 주사무소·영업소 및 화물취급소의 이전. 다만, 주사무소 이전의 경우에는 관할 관청의 행정구역 내에서의 이전만 해당한다.

정답 ③

12 화물자동차 운송사업의 허가 또는 증차(增車)를 수반하는 변경허가의 기준으로 옳지 않은 것은?

① 화물자동차 운송사업의 종류에 따라 업종별로 고시하는 공급기준에 맞을 것
② 화물자동차의 대수가 국토교통부령으로 정하는 기준에 맞을 것
③ 자본금 또는 자산평가액 등이 국토교통부령으로 정하는 기준에 맞을 것
④ 운수종사자의 인원이 국토교통부령으로 정하는 기준에 맞을 것

> **해설** 화물자동차 운송사업의 허가 또는 증차(增車)를 수반하는 변경허가의 기준
> 1. 국토교통부장관이 화물의 운송 수요를 고려하여 화물자동차 운송사업의 종류에 따라 업종별로 고시하는 공급기준에 맞을 것
> 2. 화물자동차의 대수, 자본금 또는 자산평가액, 차고지 등 운송시설, 그 밖에 국토교통부령으로 정하는 기준에 맞을 것

정답 ④

13 화물자동차 운송사업의 허가를 받을 수 있는 자는?

① 피성년후견인
② 허가가 취소된 후 5년이 지나지 아니한 자
③ 화물자동차 운수사업법을 위반하여 징역 이상의 실형을 선고받고 그 집행이 끝나거나 집행이 면제된 날부터 2년이 지나지 아니한 자
④ 화물자동차 운수사업법을 위반하여 징역 이상의 형의 집행유예를 선고받고 그 유예기간이 종료된 자

> **해설** 화물자동차 운수사업법을 위반하여 징역 이상의 형의 집행유예를 선고받고 그 유예기간 중에 있는 자는 화물자동차 운송사업의 허가를 받을 수 없다.

정답 ④

14 운임과 요금을 신고하여야 하는 운송사업자의 범위에 속하지 않는 것은?

① 구난형(救難型) 특수자동차를 사용하여 고장차량·사고차량 등을 운송하는 운송사업자
② 구난형(救難型) 특수자동차를 사용하여 고장차량·사고차량 등을 운송하는 운송가맹사업자
③ 밴형 화물자동차를 사용하여 화물을 주선하는 사업자
④ 밴형 화물자동차를 사용하여 화주와 화물을 함께 운송하는 운송사업자

> **해설** 운임과 요금을 신고하여야 하는 운송사업자의 범위
> 1. 구난형(救難型) 특수자동차를 사용하여 고장차량·사고차량 등을 운송하는 운송사업자 또는 운송가맹사업자(화물자동차를 직접 소유한 운송가맹사업자만 해당)
> 2. 밴형 화물자동차를 사용하여 화주와 화물을 함께 운송하는 운송사업자 및 운송가맹사업자

정답 ③

15 화물자동차 안전운임위원회의 심의·의결 사항이 아닌 것은?

① 화물자동차 안전운송원가 및 화물자동차 안전운임의 결정 및 조정에 관한 사항

② 화물자동차 안전운송원가 및 화물자동차 안전운임이 적용되는 운송품목 및 차량의 종류 등에 관한 사항

③ 화물자동차 안전운임제도의 발전을 위한 연구 및 건의에 관한 사항

④ 화물자동차 안전운임에 관한 중요 사항으로서 대통령이 회의에 부치는 사항

> **해설** 화물자동차 안전운임위원회의 심의·의결 사항
> 1. 화물자동차 안전운송원가 및 화물자동차 안전운임의 결정 및 조정에 관한 사항
> 2. 화물자동차 안전운송원가 및 화물자동차 안전운임이 적용되는 운송품목 및 차량의 종류 등에 관한 사항
> 3. 화물자동차 안전운임제도의 발전을 위한 연구 및 건의에 관한 사항
> 4. 그 밖에 화물자동차 안전운임에 관한 중요 사항으로서 국토교통부장관이 회의에 부치는 사항

정답 ④

16 화물자동차 안전운송원가를 공표하는 시기는?

① 매년 1월 31일까지
② 매년 3월 31일까지
③ 매년 10월 31일까지
④ 매년 12월 31일까지

> **해설** 국토교통부장관은 매년 10월 31일까지 위원회의 심의·의결을 거쳐 다음 연도에 적용할 화물자동차 안전운송원가를 공표하여야 한다.

정답 ③

17 다음 운송약관에 관한 내용으로 옳지 않은 것은?

① 운송사업자는 운송약관을 정하여 국토교통부장관에게 신고하여야 한다.

② 운송사업자가 표준약관의 사용에 동의하더라도 운송약관을 신고하여야 한다.

③ 국토교통부장관은 표준이 되는 약관이 있으면 운송사업자에게 그 사용을 권장할 수 있다.

④ 운송사업자는 운송약관을 변경하려는 경우 국토교통부장관에게 신고하여야 한다.

> **해설** 운송사업자가 화물자동차 운송사업의 허가(변경허가를 포함)를 받는 때에 표준약관의 사용에 동의하면 운송약관을 신고한 것으로 본다.

정답 ②

18 다음 운송사업지의 책임에 관한 설명으로 옳지 않은 것은?

① 화물의 멸실·훼손 또는 인도의 지연으로 발생한 운송사업자의 손해배상 책임에 관하여는 상법을 준용한다.

② 국토교통부장관은 손해배상에 관하여 화주가 요청하면 이에 관한 분쟁을 조정할 수 있다.

③ 국토교통부장관은 분쟁조정 업무를 한국소비자원 또는 등록한 소비자단체에 위탁할 수 있다.

④ 당사자 쌍방이 조정안을 수락하면 당사자 간에 화해의 효력이 발생한다.

> **해설** 당사자 쌍방이 조정안을 수락하면 당사자 간에 조정안과 동일한 합의가 성립된 것으로 본다.

정답 ④

19 책임보험계약 등의 전부 또는 일부를 해제하거나 해지할 수 있는 경우가 아닌 것은?

① 화물자동차 운송가맹사업의 허가사항이 변경(감차만을 말한다)된 경우

② 화물자동차 운송사업을 휴업하거나 폐업한 경우

③ 화물자동차 증차 조치 명령을 받은 경우

④ 화물자동차 운송주선사업의 허가가 취소된 경우

> **해설** 화물자동차 운송사업의 허가가 취소되거나 감차 조치 명령을 받은 경우는 책임보험계약 등의 전부 또는 일부를 해제하거나 해지할 수 있다.

정답 ③

20 과태료의 부과권자가 위반행위가 사소한 부주의나 오류로 인한 것으로 인정되는 경우 줄일 수 있는 과태료의 범위는?

① 과태료 금액의 2분의 1

② 과태료 금액의 3분의 1

③ 과태료 금액의 4분의 1

④ 과태료 금액의 5분의 1

> **해설** 부과권자는 위반행위가 사소한 부주의나 오류로 인한 것으로 인정되는 경우에는 과태료 금액의 2분의 1의 범위에서 그 금액을 줄일 수 있다.

정답 ①

21 국토교통부장관이 공표한 화물자동차 안전운임보다 적은 운임을 지급한 경우의 과태료는?

① 50만원

② 100만원

③ 500만원

④ 700만원

> **해설** 국토교통부장관이 공표한 화물자동차 안전운임보다 적은 운임을 지급한 경우 : 500만원

정답 ③

22 거짓이나 그 밖의 부정한 방법으로 화물운송 종사자격을 취득한 경우의 과태료는?

① 30만원 　　　　② 50만원

③ 100만원 　　　④ 300만원

> **해설** 거짓이나 그 밖의 부정한 방법으로 화물운송 종사자격을 취득한 경우 : 50만원

정답 ②

23 운송사업자의 준수사항으로 바르지 않은 것은?

① 택시 요금미터기의 장착 등 택시 유사표시행위를 할 수 있다.

② 운전자를 과도하게 승차근무하게 하여서는 아니 된다.

③ 화물의 운송과 관련하여 자동차관리사업자와 부정한 금품을 주고받아서는 아니 된다.

④ 운수종사자의 준수사항을 성실히 이행하도록 지도·감독하여야 한다.

> **해설** 운송사업자는 택시(구역 여객자동차운송사업에 사용되는 승용자동차를 말한다.) 요금미터기의 장착 등 국토교통부령으로 정하는 택시 유사표시행위를 하여서는 아니 된다.

정답 ①

24 화물자동차 운전자가 난폭운전을 하지 않도록 덮개·포장 및 고정방법으로 옳지 않은 것은?

① 외부충격 등에 의해 실은 화물이 떨어지거나 날리지 않도록 덮개·포장

② 차량의 주행에 의해 실은 화물이 떨어지지 않도록 고임목, 체인, 벨트, 로프 등으로 충분히 고정

③ 건설기계는 최소 4개의 고정점을 사용하고 하중분배를 고려해 기계배치

④ 대형 식재용 나무는 떨어지거나 날리지 않도록 덮개·포장

> **해설** 대형 식재용 나무는 덮개·포장을 하는 것이 곤란하여 덮개 또는 포장을 하지 않을 수 있다.

정답 ④

25 다음 운수종사자의 금지사항이 아닌 것은?

① 정당한 사유 없이 화물을 중도에서 내리게 하는 행위
② 정당한 사유 없이 화물의 운송을 거부하는 행위
③ 문을 완전히 닫은 상태에서 자동차를 출발시키거나 운행하는 행위
④ 부당한 운임 또는 요금을 요구하거나 받는 행위

해설 문을 완전히 닫지 아니한 상태에서 자동차를 출발시키거나 운행하는 행위를 하지 않아야 한다.

정답 ③

26 다음 운수종사자가 휴게시간 없이 4시간 연속운전한 후의 휴게시간은?

① 10분 이상   ② 20분 이상
③ 30분 이상   ④ 45분 이상

해설 휴게시간 없이 4시간 연속운전한 후에는 30분 이상의 휴게시간을 가질 것. 다만, 제21조 제23호의 어느 하나에 해당하는 경우에는 1시간까지 연장운행을 할 수 있으며 운행 후 45분 이상의 휴게시간을 가져야 한다.

정답 ③

27 국토교통부장관이 운송사업자나 운수종사자에 대한 업무개시 명령에 관한 내용으로 옳지 않은 것은?

① 운수종사자가 정당한 사유 없이 집단으로 화물운송을 거부하는 경우 명할 수 있다.
② 업무개시를 명하려면 국무회의의 동의를 거쳐야 한다.
③ 업무개시를 명한 때에는 구체적 이유 및 향후 대책을 국회 소관 상임위원회에 보고하여야 한다.
④ 운수종사자는 정당한 사유 없이 명령을 거부할 수 없다.

해설 국토교통부장관은 운송사업자 또는 운수종사자에게 업무개시를 명하려면 국무회의의 심의를 거쳐야 한다.

정답 ②

28 다음 국토교통부장관이 부과한 과징금의 용도로 바르지 않은 것은?

① 경영개선
② 화물종사자의 복지증진
③ 공동차고지의 건설과 확충
④ 화물 터미널의 건설 및 확충

해설 과징금의 용도 : 화물 터미널의 건설 및 확충, 공동차고지의 건설과 확충, 경영개선이나 그 밖에 화물에 대한 정보 제공사업 등 화물자동차 운수사업의 발전을 위하여 필요한 사항, 신고포상금의 지급

정답 ②

29 다음 화물자동차 운송사업의 허가를 취소하여야 할 경우가 아닌 것은?

① 직접운송 의무 등을 위반한 경우
② 부정한 방법으로 화물자동차 운송사업 허가를 받은 경우
③ 화물자동차 교통사고와 관련하여 거짓이나 그 밖의 부정한 방법으로 보험금을 청구하여 금고 이상의 형을 선고받고 그 형이 확정된 경우
④ 개선명령에 따른 개선명령을 이행하지 아니한 경우

해설 화물자동차 운송사업의 허가를 취소하여야 할 경우
1. 부정한 방법으로 화물자동차 운송사업 허가를 받은 경우
2. 직접운송 의무 등을 위반한 경우
3. 화물자동차 교통사고와 관련하여 거짓이나 그 밖의 부정한 방법으로 보험금을 청구하여 금고 이상의 형을 선고받고 그 형이 확정된 경우

정답 ④

30 화물자동차 운송주선사업의 허가에 관한 설명 중 바르지 않은 것은?

① 화물자동차 운송주선사업을 경영하려는 자는 국토교통부장관의 허가를 받아야 한다.

② 화물자동차운송가맹사업의 허가를 받은 자도 화물자동차 운송주선사업의 허가를 받아야 한다.

③ 국토교통부장관이 화물의 운송주선 수요를 감안하여 고시하는 공급기준에 맞아야 한다.

④ 운송주선사업자는 주사무소 외의 장소에서 상주하여 영업하려면 국토교통부장관의 허가를 받아 영업소를 설치하여야 한다.

> **해설** 화물자동차 운송주선사업을 경영하려는 자는 국토교통부령이 정하는 바에 따라 국토교통부장관의 허가를 받아야 한다. 다만 화물자동차운송가맹사업의 허가를 받은 자는 허가를 받지 아니한다.

정답 ②

31 다음 운송주선사업자의 준수사항으로 바르지 않은 것은?

① 자기의 명의로 운송계약을 체결한 화물에 대하여 그 계약금액 중 일부를 제외한 나머지 금액으로 다른 운송주선사업자와 재계약하여 이를 운송하도록 하여서는 아니 된다.

② 화물운송을 효율적으로 수행할 수 있도록 위·수탁차주나 1대사업자에게 화물운송을 직접 위탁하기 위하여 다른 운송주선사업자에게 중개 또는 대리를 의뢰하는 때에는 운송할 수 있다.

③ 운송사업자에게 화물의 종류·무게 및 부피 등을 거짓으로 통보하거나 기준을 위반하는 화물의 운송을 주선하여서는 아니 된다.

④ 운송주선사업자가 운송가맹사업자에게 화물의 운송을 주선하는 행위는 재계약·중개 또는 대리로 본다.

> **해설** 운송주선사업자가 운송가맹사업자에게 화물의 운송을 주선하는 행위는 재계약·중개 또는 대리로 보지 아니한다.

정답 ④

32 화물자동차 운송가맹사업의 허가에 관한 설명 중 바르지 않은 것은?

① 허가를 받은 운송가맹사업자는 허가사항을 변경하려면 국토교통부장관의 변경허가를 받아야 한다.

② 화물자동차의 대수(운송가맹점이 보유하는 화물자동차의 대수를 포함한다), 운송시설, 그 밖에 국토교통부령이 정하는 기준에 맞아야 한다.

③ 운송가맹사업자는 주사무소 외의 장소에서 상주하여 영업하려면 국토교통부장관의 허가를 받아 영업소를 설치하여야 한다.

④ 허가를 받은 운송가맹사업자는 경미한 사항을 변경하려면 국토교통부장관에게 변경허가를 받아야 한다.

> **해설** 허가를 받은 운송가맹사업자는 경미한 사항을 변경하려면 국토교통부장관에게 신고하여야 한다.

정답 ④

33 화물자동차 운송가맹사업의 허가 또는 증차를 수반하는 변경허가의 기준으로 바르지 않은 것은?

① 화물자동차의 대수(운송가맹점이 보유하는 화물자동차의 대수를 포함한다)가 국토교통부령이 정하는 기준에 맞을 것

② 운송시설이 국토교통부령이 정하는 기준에 맞을 것

③ 국토교통부장관이 화물의 운송수요를 고려하여 고시하는 공급기준에 맞을 것

④ 자본금이 국토교통부령이 정하는 기준에 맞을 것

> **해설** 화물자동차 운송가맹사업의 허가 또는 증차를 수반하는 변경허가의 기준
> 1. 국토교통부장관이 화물의 운송수요를 고려하여 고시하는 공급기준에 맞을 것
> 2. 화물자동차의 대수(운송가맹점이 보유하는 화물자동차의 대수를 포함한다), 운송시설, 그 밖에 국토교통부령이 정하는 기준에 맞을 것

정답 ④

34 다음 운송가맹사업자의 역할로 옳지 않은 것은?

① 운송가맹사업자의 직접운송물량과 운송가맹점의 운송물량의 공정한 배정
② 운수종사자의 확보를 위한 전국적인 전산망의 설치·운영
③ 효율적인 운송기법의 개발과 보급
④ 화물의 원활한 운송을 위한 공동 전산망의 설치·운영

> **해설** 운송가맹사업자의 역할
> 1. 운송가맹사업자의 직접운송물량과 운송가맹점의 운송물량의 공정한 배정
> 2. 효율적인 운송기법의 개발과 보급
> 3. 화물의 원활한 운송을 위한 공동 전산망의 설치·운영
>
> **정답** ②

35 국토교통부장관이 운송가맹사업자에 대한 개선명령 사항이 아닌 것은?

① 적재물배상 책임보험의 가입
② 화물의 안전운송을 위한 조치
③ 화물운송종사자의 확보
④ 화물자동차의 구조변경 및 운송시설의 개선

> **해설** 운송가맹사업자에 대한 개선명령
> 1. 운송약관의 변경
> 2. 화물자동차의 구조변경 및 운송시설의 개선
> 3. 화물의 안전운송을 위한 조치
> 4. 정보공개서의 제공의무 등, 가맹금의 반환, 가맹계약서의 기재사항 등, 가맹계약의 갱신 등의 통지
> 5. 적재물배상 책임보험 또는 공제와 운송가맹사업자가 의무적으로 가입하여야 하는 보험·공제의 가입
> 6. 그 밖에 화물자동차 운송가맹사업의 개선을 위하여 필요한 사항으로서 대통령령으로 정하는 사항
>
> **정답** ③

36 화물자동차 운수사업의 운전업무에 종사하려는 자가 갖추어야 할 요건이 아닌 것은?

① 연령·운전경력 등 운전업무에 필요한 요건을 갖출 것
② 신체검사에 적합할 것
③ 시험에 합격하고 정하여진 교육을 받을 것
④ 이론 및 실기 교육을 이수할 것

> **해설** 화물자동차 운수사업의 운전업무에 종사하려는 자가 갖추어야 할 요건
> 1. 연령·운전경력 등 운전업무에 필요한 요건을 갖출 것
> 2. 운전적성에 대한 정밀검사기준에 맞을 것
> 3. 시험에 합격하고 정하여진 교육을 받을 것
> 4. 이론 및 실기 교육을 이수할 것
>
> **정답** ②

37 화물운송 종사자격증을 취득하려는 사람이 받아야 할 운전적성정밀검사는?

① 신규검사   ② 정기검사
③ 수시검사   ④ 보충검사

> **해설** 신규검사 : 화물운송 종사자격증을 취득하려는 사람. 다만, 자격시험 실시일 또는 교통안전체험교육 시작일을 기준으로 최근 3년 이내에 신규검사의 적합 판정을 받은 사람은 제외한다.
>
> **정답** ①

38 다음 화물운송 종사자격 결격사유에 해당하지 않는 자는?

① 피성년후견인
② 화물운송 종사자격이 취소된 날부터 2년이 지나지 아니한 자
③ 화물자동차 운수사업법을 위반하여 징역 이상의 형의 집행유예를 선고받고 그 유예기간 중에 있는 자
④ 화물자동차 운수사업법을 위반하여 징역 이상의 실형을 선고받고 그 집행이 끝나거나 집행이 면제된 날부터 5년이 지나지 아니한 자

> **해설** 화물자동차 운수사업법을 위반하여 징역 이상의 실형을 선고받고 그 집행이 끝나거나 집행이 면제된 날부터 2년이 지나지 아니한 자는 화물운송 종사자격을 취득할 수 없다.
>
> **정답** ④

39 다음 운전적성정밀검사의 종류에 해당하지 않는 것은?

① 신규검사　　　　② 자격유지검사
③ 수시검사　　　　④ 특별검사

> **해설** 운전적성정밀검사의 종류 : 신규검사, 자격유지검사, 특별검사

> **정답** ③

40 다음 자격유지검사를 받아야 할 사람이 아닌 사람은?

① 여객자동차 운송사업용 자동차 또는 화물자동차 운송사업용 자동차의 운전업무에 종사하다가 퇴직한 사람으로서 신규검사 또는 유지검사를 받은 날부터 3년이 지난 후 재취업하려는 사람
② 신규검사 또는 유지검사의 적합판정을 받은 사람으로서 해당 검사를 받은 날부터 3년 이내에 취업하지 아니한 사람
③ 50세 이상 60세 미만인 사람
④ 70세 이상인 사람

> **해설** 자격유지검사를 받아야 할 받아야 할 사람
> 1. 여객자동차 운송사업용 자동차 또는 화물자동차 운송사업용 자동차의 운전업무에 종사하다가 퇴직한 사람으로서 신규검사 또는 유지검사를 받은 날부터 3년이 지난 후 재취업하려는 사람
> 2. 신규검사 또는 유지검사의 적합판정을 받은 사람으로서 해당 검사를 받은 날부터 3년 이내에 취업하지 아니한 사람
> 3. 65세 이상 70세 미만인 사람
> 4. 70세 이상인 사람

> **정답** ③

41 해당 연도의 화물운송 종사자격 및 교통안전체험교육 실시계획을 최초의 자격시험은 시행 며칠 전까지 공고하여야 하는가?

① 90일 전　　　　② 100일 전
③ 120일 전　　　　④ 150일 전

> **해설** 한국교통안전공단은 월 1회 이상 자격시험 및 교통안전체험교육을 실시하되, 해당 연도의 자격시험 및 교통안전체험교육 실시계획을 최초의 자격시험 90일 전까지 공고하여야 한다.

> **정답** ①

42 다음 교통안전체험교육의 시간은?

① 16시간　　　　② 32시간
③ 40시간　　　　④ 56시간

> **해설** 교통안전체험교육 총 16시간

> **정답** ①

43 교통안전체험교육 실기교육 중 돌발상황 발생 시 운전자의 한계 체험의 교육과목은?

① 화물취급 실습
② 위험예측 및 회피
③ 탑재장비운전실습
④ 특수로 주행

> **해설** 위험예측 및 회피
> 1. 돌발상황 발생 시 운전자의 한계 체험
> 2. 위험회피 요령 체험
> 3. 과적의 위험성 체험

> **정답** ②

44 화물운송 종사자격 시험에 합격한 사람이 한국교통안전공단에서 실시하는 교육을 받아야 할 사항이 아닌 것은?

① 화물취급요령에 관한 사항
② 화물자동차 운수사업법령 및 도로관계법령
③ 운송서비스에 관한 사항
④ 화물자동차의 정비에 관한 사항

> **해설** 자격시험에 합격한 사람은 8시간 동안 한국교통안전공단에서 실시하는 다음의 사항에 관한 교육을 받아야 한다.
> 1. 화물자동차 운수사업법령 및 도로관계법령
> 2. 교통안전에 관한 사항
> 3. 화물취급요령에 관한 사항
> 4. 자동차 응급처치방법
> 5. 운송서비스에 관한 사항

> **정답** ④

45 운송사업자가 관할관청에 화물운송종사자격증명을 반납하여야 하는 경우가 아닌 것은?

① 사업의 양도 신고를 하는 경우
② 화물자동차 운전자의 화물운송 종사자격이 취소된 경우
③ 화물자동차 운전자의 화물운송 종사자격이 효력이 정지된 경우
④ 화물자동차 운전자가 질병에 걸린 경우

해설 운송사업자는 다음의 어느 하나에 해당하는 경우에는 관할관청에 화물운송종사자격증명을 반납하여야 한다.
1. 사업의 양도 신고를 하는 경우
2. 화물자동차 운전자의 화물운송 종사자격이 취소되거나 효력이 정지된 경우

정답 ④

46 화물운송 종사자격을 취소하여야 하는 경우가 아닌 것은?

① 거짓이나 그 밖의 부정한 방법으로 화물운송 종사자격을 취득한 경우
② 화물운송 종사자격의 결격 사유의 어느 하나에 해당하게 된 경우
③ 화물자동차를 운전할 수 있는 운전면허가 정지된 경우
④ 화물운송 종사자격 정지기간 중에 화물자동차 운수사업의 운전 업무에 종사한 경우

해설 화물자동차를 운전할 수 있는 운전면허가 정지된 경우는 취소하여야 할 경우가 아니다.

정답 ③

47 화물자동차를 운전할 수 있는 운전면허가 정지된 경우의 처분은?

① 자격 정지 30일　　② 자격 정지 60일
③ 자격 정지 90일　　④ 자격 취소

해설 화물자동차를 운전할 수 있는 운전면허가 정지된 경우
: 자격 취소

정답 ④

48 다음 운수사업자 협회의 사업으로 보기 어려운 것은?

① 운수사업자의 공동이익을 도모하는 사업
② 화물자동차 운수사업의 진흥 및 발전에 필요한 통계의 작성 및 관리
③ 화물운수 관련 법령의 정비
④ 외국 자료의 수집·조사 및 연구사업

해설 관련 법령의 정비는 국회와 국토교통부에서 담당한다.

정답 ③

49 운수사업자 협회의 공제조합사업 내용이 아닌 것은?

① 조합원의 사업용 자동차의 사고로 생긴 배상 책임 및 적재물배상에 대한 공제
② 조합원이 사업용 자동차를 소유·사용·관리하는 동안 발생한 사고로 그 자동차에 생긴 손해에 대한 공제
③ 공동이용시설의 설치·운영 및 관리, 그 밖에 조합원의 편의 및 복지 증진을 위한 사업
④ 조합원의 퇴직급여의 저축을 위한 금융사업

해설 금융사업은 공제조합사업의 내용이 아니다.

정답 ④

50 다음 사용신고대상 자가용 화물자동차는?

① 승합자동차
② 특수자동차
③ 1톤 이상인 화물자동차
④ 2톤 이상인 화물자동차

해설 사용신고대상 화물자동차
1. 특수자동차
2. 특수자동차를 제외한 화물자동차로서 최대 적재량이 2.5톤 이상인 화물자동차

정답 ②

51 다음 자가용 화물자동차의 유상운송 허가사유로 옳지 않은 것은?

① 천재지변이나 이에 준하는 비상사태로 인하여 수송력 공급을 긴급히 증가시킬 필요가 있는 경우

② 영농조합법인이 그 사업을 위하여 화물자동차를 직접 소유·운영하는 경우

③ 사업용 화물자동차·철도 등 화물운송수단의 운행이 불가능하여 이를 일시적으로 대체하기 위한 수송력 공급이 긴급히 필요한 경우

④ 시·도지사의 허가를 받지 않은 경우

> **해설** 유상운송의 허가사유
> 1. 천재지변이나 이에 준하는 비상사태로 인하여 수송력 공급을 긴급히 증가시킬 필요가 있는 경우
> 2. 사업용 화물자동차·철도 등 화물운송수단의 운행이 불가능하여 이를 일시적으로 대체하기 위한 수송력 공급이 긴급히 필요한 경우
> 3. 영농조합법인이 그 사업을 위하여 화물자동차를 직접 소유·운영하는 경우

정답 ④

52 자가용 화물자동차의 소유자 또는 사용자에 대하여 그 자동차의 사용을 제한하거나 금지할 수 있는 경우가 아닌 것은?

① 자가용 화물자동차를 사용하여 화물자동차 운송사업을 경영한 경우

② 자가용 화물자동차를 허가를 받지 아니하고 유상으로 운송에 제공한 경우

③ 자가용 화물자동차를 허가를 받지 아니하고 유상으로 임대한 경우

④ 자가용 화물자동차를 영농조합법인이 그 사업을 위하여 화물자동차를 직접 소유·운영하는 경우

> **해설** 시·도지사는 자가용 화물자동차의 소유자 또는 사용자가 다음의 어느 하나에 해당하면 6개월 이내의 기간을 정하여 그 자동차의 사용을 제한하거나 금지할 수 있다.
> 1. 자가용 화물자동차를 사용하여 화물자동차 운송사업을 경영한 경우
> 2. 자가용 화물자동차 유상운송 허가사유에 해당되는 경우이지만 허가를 받지 아니하고 자가용 화물자동차를 유상으로 운송에 제공하거나 임대한 경우

정답 ④

53 다음 운수종사자 교육의 교육시간은?

① 2시간　　② 4시간
③ 8시간　　④ 10시간

> **해설** 운수종사자 교육의 교육시간은 4시간으로 한다. 다만, 운수종사자 준수사항을 위반하여 벌칙 또는 과태료 부과처분을 받은 자 및 특별검사 대상자에 대한 교육시간은 8시간으로 한다.

정답 ②

54 국토교통부장관 또는 시·도지사가 운수사업자의 사업장에 출입하여 장부·서류, 그 밖의 물건을 검사하거나 관계인에게 질문을 하게 할 수 경우가 아닌 것은?

① 운수사업자의 위법행위 확인 및 운수사업자에 대한 허가취소 등 행정 처분을 위하여 필요한 경우

② 화물운송질서 등의 문란행위를 파악하기 위하여 필요한 경우

③ 화물자동차 운송가맹사업의 허가 또는 증차를 수반하는 변경허가에 따른 허가기준에 맞는지를 확인하기 위하여 필요한 경우

④ 화물운수와 관련하여 수익의 환수를 위하여 필요한 경우

> **해설** 화물운수와 관련하여 수익을 환수하지 않는다.

정답 ④

55 거짓이나 부정한 방법으로 화물자동차 보조금을 교부받은 자에 대한 처벌은?

① 1년 이하의 징역 또는 1천만원 이하의 벌금
② 2년 이하의 징역 또는 2천만원 이하의 벌금
③ 2년 이하의 징역 또는 3천만원 이하의 벌금
④ 3년 이하의 징역 또는 3천만원 이하의 벌금

> **해설** 3년 이하의 징역 또는 3천만원 이하의 벌금 : 거짓이나 부정한 방법으로 화물자동차 보조금을 교부받은 자

정답 ④

56 1년 이하의 징역 또는 1천만원 이하의 벌금에 해당하지 않는 사람은?

① 다른 사람에게 자신의 화물운송 종사자격증을 빌려 준 사람

② 다른 사람의 화물운송 종사자격증을 빌린 사람

③ 업무개시명령을 위반한 자

④ 금지하는 행위를 알선한 사람

> **해설** 1년 이하의 징역 또는 1천만원 이하의 벌금
> 1. 다른 사람에게 자신의 화물운송 종사자격증을 빌려 준 사람
> 2. 다른 사람의 화물운송 종사자격증을 빌린 사람
> 3. 금지하는 행위를 알선한 사람

정답 ③

57 다음 500만원 이하의 과태료에 해당하지 아니한 자는?

① 자료를 제공하지 아니하거나 거짓으로 제공한 자

② 다른 사람의 화물운송 종사자격증을 빌린 사람

③ 조사를 거부·방해 또는 기피한 자

④ 화물자동차 운전자 채용 기록의 관리를 위반한 자

> **해설** 다른 사람의 화물운송 종사자격증을 빌린 사람 : 1년 이하의 징역 또는 1천만원 이하의 벌금

정답 ②

58 신고한 운송주선약관을 준수하지 않은 경우 화물자동차 운송주선사업자에 대한 과징금은 얼마인가?

① 10만 원　　　② 20만 원

③ 30만 원　　　④ 60만 원

> **해설** 신고한 운송주선약관을 준수하지 않은 경우 화물자동차 운송주선사업자에 대한 과징금은 20만 원이다.

정답 ②

59 화물자동차 운전자에게 차 안에 화물운송 종사자격증명을 게시하지 않고 운행하게 한 경우 화물자동차 운송사업 개인에 대한 과징금은?

① 5만원　　　② 10만원

③ 20만원　　　④ 30만원

> **해설** 화물자동차 운전자에게 차 안에 화물운송 종사자격증명을 게시하지 않고 운행하게 한 경우 화물자동차 운송사업 개인에 대한 과징금 : 5만원

정답 ①

60 다음 시·도에서 화물운송업과 관련하여 처리하는 업무로 옳은 것은?

① 화물운송 종사자격의 취소 및 효력의 정지

② 사업자 준수사항에 대한 계도활동

③ 화물자동차 안전운임신고센터의 설치·운영

④ 법령 위반사항에 대한 처분의 건의

> **해설** 화물운송 종사자격의 취소 및 효력의 정지에 관한 사항은 국토교통부장관의 위임에 따라 시·도지사가 처리한다.

정답 ①

61 다음 한국교통안전공단에서 처리하는 업무가 아닌 것은?

① 사업자 준수사항에 대한 계도활동

② 화물자동차 운전자채용 기록·관리 자료의 요청

③ 교통안전체험교육의 이론 및 실기교육

④ 운전적성에 대한 정밀검사의 시행

> **해설** 사업자 준수사항에 대한 계도활동은 연합회에서 처리하는 업무이다.

정답 ①

제4장 자동차관리법령 [적중문제]

QUALIFICATION TEST FOR CARGO WORKERS

01 다음 자동차관리법의 적용을 받는 자동차는?

① 다른 자동차를 견인하는 특수자동차
② 건설기계관리법에 따른 건설기계
③ 농업기계화촉진법에 따른 농업기계
④ 군수품관리법에 따른 군수 차량

해설 자동차관리법의 적용이 제외되는 자동차 : 건설기계, 농업기계, 군수 차량, 궤도 또는 공중선에 의하여 운행되는 차량, 의료기기

정답 ①

02 다음 제작연도에 등록된 자동차의 차령기산일은?

① 제작연도의 초일
② 최초의 신규등록일
③ 차량의 구매일
④ 제작연도의 출고일

해설 자동차의 차령기산일
1. 제작연도에 등록된 자동차 : 최초의 신규등록일
2. 제작연도에 등록되지 아니한 자동차 : 제작연도의 말일

정답 ②

03 다음 자동차관리법상 자동차의 종류로 바르지 않은 것은?

① 특수자동차
② 여객자동차
③ 승합자동차
④ 이륜자동차

해설 자동차의 종류 : 승용자동차, 승합자동차, 화물자동차, 특수자동차, 이륜자동차

정답 ②

04 다음 승합자동차의 기준으로 적합하지 않은 것은?

① 11인 이상을 운송하기에 적합하게 제작된 자동차
② 내부의 특수한 설비로 인하여 승차인원이 10인 이하로 된 자동차
③ 경형자동차로서 승차정원이 10인 이하인 전방조종자동차
④ 캠핑용자동차 또는 캠핑용트레일러

해설 승합자동차
1. 11인 이상을 운송하기에 적합하게 제작된 자동차
2. 내부의 특수한 설비로 인하여 승차인원이 10인 이하로 된 자동차
3. 경형자동차로서 승차정원이 10인 이하인 전방조종자동차

정답 ④

05 다른 자동차를 견인하거나 구난작업 또는 특수한 작업을 수행하기에 적합하게 제작된 자동차로서 승용자동차·승합자동차 또는 화물자동차가 아닌 자동차는?

① 건설기계
② 이륜자동차
③ 긴급자동차
④ 특수자동차

해설 특수자동차 : 다른 자동차를 견인하거나 구난작업 또는 특수한 작업을 수행하기에 적합하게 제작된 자동차로서 승용자동차, 승합자동차 또는 화물자동차가 아닌 자동차

정답 ④

06 다음 자동차등록번호판에 관한 내용으로 바르지 않은 것은?

① 붙인 등록번호판 및 봉인은 시·도지사의 허가를 받은 경우와 다른 법률에 특별한 규정이 있는 경우를 제외하고는 떼지 못한다.

② 자동차 소유자가 직접 등록번호판의 부착 및 봉인을 하려는 경우에는 등록번호판의 부착 및 봉인을 직접 하게 할 수 있다.

③ 임시운행허가번호판을 붙인 경우에는 등록번호판의 부착 또는 봉인을 하지 아니한 자동차로 운행하지 못한다.

④ 자동차 소유자는 등록번호판이나 봉인이 떨어지거나 알아보기 어렵게 된 경우에는 시·도지사에게 등록번호판의 부착 및 봉인을 다시 신청하여야 한다.

> **해설** 등록번호판의 부착 또는 봉인을 하지 아니한 자동차는 운행하지 못한다. 다만, 임시운행허가번호판을 붙인 경우에는 그러하지 아니하다.
>
> **정답** ③

07 자동차등록번호판을 가리거나 알아보기 곤란하게 하거나, 그러한 자동차를 운행한 경우 1차 위반 시 과태료는?

① 50만원　　② 100만원
③ 150만원　　④ 250만원

> **해설** 자동차등록번호판을 가리거나 알아보기 곤란하게 하거나, 그러한 자동차를 운행한 경우 : 과태료 1차 50만원, 2차 150만원, 3차 250만원
>
> **정답** ①

08 고의로 자동차등록번호판을 가리거나 알아보기 곤란하게 한 자에 대한 벌칙은?

① 1년 이하의 징역 또는 1,000만원 이하의 벌금
② 2년 이하의 징역 또는 1,000만원 이하의 벌금
③ 1년 이하의 징역 또는 2,000만원 이하의 벌금
④ 2년 이하의 징역 또는 2,000만원 이하의 벌금

> **해설** 고의로 자동차등록번호판을 가리거나 알아보기 곤란하게 한 자 : 1년 이하의 징역 또는 1,000만원 이하의 벌금
>
> **정답** ①

09 자동차의 변경등록신청을 하지 않은 경우 신청 지연기간이 175일 이상인 경우의 과태료는?

① 10만원　　② 20만원
③ 30만원　　④ 50만원

> **해설** 자동차의 변경등록신청을 하지 않은 경우 과태료
> 1. 신청기간만료일부터 90일 이내인 때 : 과태료 2만원
> 2. 신청기간만료일부터 90일을 초과한 경우 174일 이내인 경우 2만원에 91일째부터 계산하여 3일 초과 시마다 : 과태료 1만원
> 3. 신청 지연기간이 175일 이상인 경우 : 30만원
>
> **정답** ③

10 A는 자동차를 등록하여 소유하다가 B에게 팔았을 경우 자동차관리법에 따를 때 이전등록을 해야 하는 원칙적 법적 의무자는?

① A　　② B
③ A의 대리인　　④ B의 대리인

> **해설** 등록된 자동차를 양수받는 재(B)는 시·도지사에게 자동차 소유권의 이전등록을 신청하여야 한다.
>
> **정답** ②

11 다음 자동차 소유자가 말소등록을 신청하여야 하는 경우가 아닌 것은?

① 자동차해체재활용업을 등록한 자에게 폐차를 요청한 경우
② 자동차제작·판매자등에게 반품한 경우
③ 자동차를 운행하지 아니한지 3년이 지난 경우
④ 면허·등록·인가 또는 신고가 실효되거나 취소된 경우

> **해설** 자동차를 운행하지 아니한지 3년이 지난 경우는 말소등록을 신청하는 경우에 속하지 않는다.
>
> **정답** ③

12 자동차 말소등록을 신청하여야 하는 자동차 소유자가 말소등록 신청을 하지 않은 경우 신청 지연기간이 10일 이내인 때의 과태료는?

① 2만원 　　　　② 3만원

③ 5만원 　　　　④ 10만원

> **해설** 신청 지연기간이 10일 이내인 경우 : 과태료 5만원

정답 ③

13 자율주행자동차를 시험·연구 목적으로 운행하려는 자가 갖추어야 할 안전운행요건이 아닌 것은?

① 차량등록증

② 허가대상

③ 고장감지 및 경고장치

④ 기능해제장치

> **해설** 자율주행자동차를 시험·연구 목적으로 운행하려는 자는 허가대상, 고장감지 및 경고장치, 기능해제장치, 운행구역, 운전자 준수 사항 등과 관련하여 안전운행요건을 갖추어 국토교통부장관의 임시운행허가를 받아야 한다.

정답 ①

14 다음 임시운행허가기간의 연결이 바르지 않은 것은?

① 신규등록신청을 위하여 자동차를 운행하려는 경우 : 10일 이내

② 자동차의 차대번호 또는 원동기형식의 표기를 지우거나 그 표기를 받기 위하여 자동차를 운행하려는 경우 : 10일 이내

③ 신규검사 또는 임시검사를 받기 위하여 자동차를 운행하려는 경우 : 10일 이내

④ 자동차를 제작·조립·수입 또는 판매하는 자가 판매사업장·하치장 또는 전시장에 보관·전시하기 위하여 운행하려는 경우 : 20일 이내

> **해설** 자동차를 제작·조립·수입 또는 판매하는 자가 판매사업장·하치장 또는 전시장에 보관·전시하기 위하여 운행하려는 경우 : 10일 이내

정답 ④

15 다음 운행정지중인 자동차임시운행에 해당하지 않은 것은?

① 3년 동안 운행하지 아니한 자동차

② 등록번호판이 영치된 자동차

③ 압류로 인하여 운행정지중인 자동차

④ 의무보험에 가입되지 아니하여 자동차의 등록번호판이 영치된 자동차

> **해설** 운행정지중인 자동차의 임시운행
> 1. 운행정지처분을 받아 운행정지중인 자동차
> 2. 등록번호판이 영치된 자동차
> 3. 화물자동차 운송사업의 허가 취소 등에 따른 사업정지처분을 받아 운행정지중인 자동차
> 4. 자동차세의 납부의무를 이행하지 아니하여 자동차등록증이 회수되거나 등록번호판이 영치된 자동차
> 5. 압류로 인하여 운행정지중인 자동차
> 6. 의무보험에 가입되지 아니하여 자동차의 등록번호판이 영치된 자동차
> 7. 자동차의 운행·관리 등에 관한 질서위반행위 중 대통령령으로 정하는 질서위반행위로 부과받은 과태료를 납부하지 아니하여 등록번호판이 영치된 자동차

정답 ①

16 자동차의 구조·장치 중 국토교통부령으로 정하는 것을 변경하려는 경우에 누구의 승인을 받아야 하는가?

① 국토교통부장관 　　② 시·도지사

③ 시·도경찰청장 　　④ 시장·군수·구청장

> **해설** 자동차의 구조·장치 중 국토교통부령으로 정하는 것을 변경하려는 경우에는 그 자동차의 소유자가 시장·군수·구청장의 승인을 받아야 한다.

정답 ④

17 다음 튜닝검사 때의 신청서류가 아닌 것은?

① 튜닝승인서

② 튜닝하려는 구조·장치의 설계도

③ 자동차 구매확인서

④ 튜닝 전·후의 자동차외관도

> **해설** 튜닝검사의 신청서류
> 1. 자동차등록증, 튜닝승인서, 튜닝 전·후의 주요제원대비표
> 2. 튜닝 전·후의 자동차외관도(외관의 변경이 있는 경우에 한한다), 튜닝하려는 구조·장치의 설계도

정답 ③

18 승인을 받지 아니하고 튜닝한 자동차에 대하여 명하는 검사는?

① 원상복구 및 임시검사
② 정기검사 또는 종합검사
③ 임시검사
④ 특별검사

> **해설** 승인을 받지 아니하고 튜닝한 자동차 : 원상복구 및 임시검사

정답 ①

19 자동차 정기검사 또는 자동차종합검사를 받지 아니한 자동차에 대하여 명하는 검사는?

① 정기검사 또는 종합검사
② 수시검사
③ 원상복구 및 임시검사
④ 종합검사

> **해설** 자동차 정기검사 또는 자동차종합검사를 받지 아니한 자동차 : 정기검사 또는 종합검사

정답 ①

20 자동차관리법 또는 자동차관리법에 따른 명령이나 자동차 소유자의 신청을 받아 비정기적으로 실시하는 검사는?

① 임시검사   ② 튜닝검사
③ 정기검사   ④ 신규검사

> **해설** 임시검사 : 자동차관리법 또는 자동차관리법에 따른 명령이나 자동차 소유자의 신청을 받아 비정기적으로 실시하는 검사

정답 ①

21 다음 자동차검사를 대행하는 기관은?

① 국토교통부장관   ② 한국교통안전공단
③ 시·도지사   ④ 시·도경찰청장

> **해설** 자동차검사는 한국교통안전공단이 대행하고 있으며, 정기검사는 지정정비사업자도 대행할 수 있다.

정답 ②

22 다음 자동차 정기검사의 유효기간으로 틀린 것은?

① 사업용 승용자동차 : 1년
② 대형 승합자동차 중 차령 8년 초과 : 6월
③ 화물자동차 : 1년
④ 사업용 대형화물자동차 중 차령 2년 초과 : 1년

> **해설** 사업용 대형화물자동차 중 차령 2년 초과 : 6월

정답 ④

23 국토교통부장관과 환경부장관이 공동으로 실시하는 자동차종합검사를 받아야 하는 분야가 아닌 것은?

① 자동차 성능검사
② 관능검사 및 기능검사로 하는 공통 분야
③ 자동차 안전검사 분야
④ 자동차 배출가스 정밀검사 분야

> **해설** 국토교통부장관과 환경부장관이 공동으로 다음에 대하여 실시하는 자동차종합검사를 받아야 한다.
> 1. 자동차의 동일성 확인 및 배출가스 관련 장치 등의 작동 상태 확인을 관능검사(사람의 감각기관으로 자동차의 상태를 확인하는 검사) 및 기능검사로 하는 공통 분야
> 2. 자동차 안전검사 분야
> 3. 자동차 배출가스 정밀검사 분야

정답 ①

24 검사 유효기간이 6개월인 자동차의 경우 종합검사 중 자동차 배출가스 정밀검사 분야의 검사 기간은?

① 1년 ② 2년
③ 3년 ④ 5년

> **해설** 검사 유효기간이 6개월인 자동차의 경우 종합검사 중 자동차 배출가스 정밀검사 분야의 검사는 1년마다 받는다.

정답 ①

25 종합검사기간 후에 종합검사를 신청하여 적합 판정을 받은 자동차의 검사 유효기간의 계산 방법은?

① 종합검사를 받은 날의 다음 날부터 계산
② 자동차종합검사 결과표를 받은 날의 다음 날부터 계산
③ 직전 검사 유효기간 마지막 날의 다음 날부터 계산
④ 자동차기능 종합진단서를 받은 날의 다음 날부터 계산

> **해설** 종합검사기간 전 또는 후에 종합검사를 신청하여 적합 판정을 받은 자동차 : 종합검사를 받은 날의 다음 날부터 계산

정답 ①

26 최고속도제한장치의 미설치, 무단 해체·해제 및 미작동으로 부적합 판정을 받은 경우 며칠 이내에 재검사를 신청하여야 하는가?

① 부적합 판정을 받은 날부터 5일 이내
② 부적합 판정을 받은 날부터 10일 이내
③ 부적합 판정을 받은 날부터 20일 이내
④ 부적합 판정을 받은 날부터 30일 이내

> **해설** 다음의 어느 하나에 해당하는 사유로 부적합 판정을 받은 경우 : 부적합 판정을 받은 날부터 10일 이내
> 1. 최고속도제한장치의 미설치, 무단 해체·해제 및 미작동
> 2. 자동차 배출가스 검사기준 위반

정답 ②

27 자동차종합검사 유효기간의 연장 또는 유예 사유가 아닌 것은?

① 자동차번호판을 도난당한 경우
② 자동차를 도난당한 경우
③ 부득이한 사유로 자동차를 운행할 수 없다고 인정되는 경우
④ 자동차가 압수되어 운행할 수 없는 경우

> **해설** 자동차의 도난, 사고발생, 기타 부득이한 사유로 자동차를 운행할 수 없다고 인정되는 경우에 자동차종합검사 유효기간의 연장 또는 유예 사유가 된다.

정답 ①

28 다음 자동차종합검사기간이 지난 자에 대한 독촉 때 알려야 할 사항이 아닌 것은?

① 종합검사기간이 지난 사실
② 검사를 받지 아니하는 경우 운행중지 명령을 받을 수 있다는 사실
③ 종합검사의 유예가 가능한 사유와 그 신청 방법
④ 종합검사를 받지 아니하는 경우에 부과되는 과태료의 금액과 근거 법규

> **해설** 자동차종합검사기간이 지난 자에 대한 독촉 때 알려야 할 사항
> 1. 종합검사기간이 지난 사실
> 2. 종합검사의 유예가 가능한 사유와 그 신청 방법
> 3. 종합검사를 받지 아니하는 경우에 부과되는 과태료의 금액과 근거 법규

정답 ②

29 정기검사나 종합검사를 받지 아니한 경우 검사 지연기간이 115일 이상인 경우의 과태료는?

① 4만원 ② 10만원
③ 30만원 ④ 60만원

> **해설** 검사 지연기간이 115일 이상인 경우 : 60만원

정답 ④

도로법령 [적중문제]

제 5 장

CBT 대비
필기문제

QUALIFICATION TEST FOR CARGO WORKERS

01 다음 도로에 속하지 않는 것은?

① 차도　　　　② 터널
③ 육교　　　　④ 암거

> 해설　도로 : 차도, 보도, 자전거도로, 측도(側道), 터널, 교량, 육교 등 대통령령으로 정하는 시설로 구성된 것으로서 법 제10조(도로의 종류와 등급)에 열거된 것을 말하며, 도로의 부속물을 포함한다.
>
> 정답 ④

02 다음 도로의 부속물이 아닌 것은?

① 휴게시설
② 도선장
③ 낙석방지시설
④ 졸음쉼터 및 대기소

> 해설　도선장은 도로에 해당한다.
>
> 성납 ②

03 국토교통부장관이 도로교통망의 중요한 축을 이루며 주요 도시를 연결하는 도로로서 자동차 전용의 고속교통에 사용되는 도로 노선을 정하여 지정·고시한 도로는?

① 고속국도
② 특별시도·광역시도
③ 지방도
④ 일반국도

> 해설　고속국도 : 국토교통부장관이 도로교통망의 중요한 축을 이루며 주요 도시를 연결하는 도로로서 자동차 전용의 고속교통에 사용되는 도로 노선을 정하여 지정·고시한 도로
>
> 정답 ①

04 도로법령상 도로에서의 금지행위가 아닌 것은?

① 도로를 파손하는 행위
② 도로에 토석을 쌓아놓는 행위
③ 도로에 장애물을 쌓아놓는 행위
④ 도로를 포장하는 행위

> 해설　교통에 지장을 끼치는 행위, 장애물을 쌓아놓는 행위, 도로를 파손하는 행위 등은 금지된다.
>
> 정답 ④

05 다음 차량의 운행제한에 관한 내용으로 바르지 않은 것은?

① 도로관리청은 도로 구조를 보선하기 위하여 도로에서의 차량운행을 제한할 수 있다.
② 도로관리청은 운행제한에 대한 위반 여부를 확인하기 위하여 차량의 적재량을 측정하게 할 수 있다.
③ 도로관리청은 차량의 운행허가를 하려면 미리 출발지를 관할하는 경철서장과 협의한 후 운행허가를 하여야 한다.
④ 도로관리청은 운행허가를 하는 경우 조건을 붙일 수 없다.

> 해설　도로관리청은 차량의 운행허가를 하려면 미리 출발지를 관할하는 경철서장과 협의한 후 차량의 조건과 운행하려는 도로의 여건을 고려하여 대통령령으로 정하는 절차에 따라 운행허가를 하여야 하며, 운행허가를 할 때에는 운행노선, 운행시간, 운행방법 및 도로 구조물의 보수·보강에 필요한 비용부담 등에 관한 조건을 붙일 수 있다.
>
> 정답 ④

06 차량의 구조나 적재화물의 특수성으로 인하여 관리청의 허가를 받으려는 자가 신청서에 기재할 사항이 아닌 것은?

① 운행목적

② 탑승인원

③ 운행구간 및 그 총 연장

④ 운행방법

> **해설** 차량의 구조나 적재화물의 특수성으로 인하여 관리청의 허가를 받으려는 자가 신청서에 기재할 사항 : 운행하려는 도로의 종류 및 노선명, 운행구간 및 그 총 연장, 차량의 제원, 운행기간, 운행목적, 운행방법

정답 ②

07 정당한 사유 없이 적재량 측정을 위한 도로관리청의 요구에 따르지 아니한 자에 대한 처벌은?

① 1년 이하의 징역이나 1천만원 이하의 벌금

② 2년 이하의 징역이나 2천만원 이하의 벌금

③ 3년 이하의 징역이나 3천만원 이하의 벌금

④ 5월 이하의 징역이나 5천만원 이하의 벌금

> **해설** 정당한 사유 없이 적재량 측정을 위한 도로관리청의 요구에 따르지 아니한 자 : 1년 이하의 징역이나 1천만원 이하의 벌금

정답 ①

08 다음 자동차전용도로의 지정에 관한 설명으로 바르지 않은 것은?

① 도로관리청은 자동차전용도로 또는 전용구역을 지정할 수 있다.

② 도로관리청이 자동차 전용도로를 지정할 때에는 해당 구간을 연결하는 일반 교통용의 다른 도로가 없어도 지정할 수 있다.

③ 자동차전용도로를 지정할 때 도로관리청이 국토교통부장관이면 경찰청장의 의견을 들어야 한다.

④ 도로관리청은 지정을 하는 때에는 이를 공고하여야 한다.

> **해설** 도로관리청이 자동차 전용도로를 지정할 때에는 해당 구간을 연결하는 일반 교통용의 다른 도로가 있어야 한다.

정답 ②

09 차량을 사용하지 아니하고 자동차전용도로를 통행하거나 출입한 자에 대한 처벌은?

① 1년 이하의 징역이나 1천만원 이하의 벌금

② 2년 이하의 징역이나 2천만원 이하의 벌금

③ 3년 이하의 징역이나 3천만원 이하의 벌금

④ 5년 이하의 징역이나 5천만원 이하의 벌금

> **해설** 차량을 사용하지 아니하고 자동차전용도로를 통행하거나 출입한 자 : 1년 이하의 징역이나 1천만원 이하의 벌금

정답 ①

제6장 대기환경보전법령 [적중문제]

QUALIFICATION TEST FOR CARGO WORKERS

01 대기오염의 원인이 되는 가스·입자상물질로서 환경부령으로 정하는 것은?

① 입자상물질 ② 가스
③ 대기오염물질 ④ 환경오염물질

> **해설** 대기오염물질 : 대기오염의 원인이 되는 가스·입자상물질로서 환경부령으로 정하는 것

정답 ③

02 다음 온실가스에 해당하지 않는 것은?

① 육불화황 ② 메탄
③ 과불화탄소 ④ 이산화질소

> **해설** 온실가스 : 적외선 복사열을 흡수하거나 다시 방출하여 온실효과를 유발하는 대기 중의 가스상태 물질로서 이산화탄소, 메탄, 아산화질소, 수소불화탄소, 과불화탄소, 육불화황을 말한다.

정답 ④

03 대기환경보전법상 용어의 정의 중 연소할 때 생기는 유리(遊離) 탄소가 주가 되는 미세한 입자상물질은?

① 매연 ② 액체상 물질
③ 검댕 ④ 먼지

> **해설** 매연 ; 연소할 때에 생기는 유리(遊離) 탄소가 주가 되는 미세한 입자상물질을 말한다.

정답 ①

04 자동차에서 배출되는 대기오염물질을 줄이고 연료를 절약하기 위하여 자동차에 부착하는 장치는?

① 공회전제한장치
② 저공해엔진
③ 저공해자동차
④ 배출가스저감장치

> **해설** 공회전제한장치 : 자동차에서 배출되는 대기오염물질을 줄이고 연료를 절약하기 위하여 자동차에 부착하는 장치로서 환경부령으로 정하는 기준에 적합한 장치

정답 ①

05 저공해자동차로의 전환 또는 개조 명령, 배출가스저감장치의 부착·교체 명령 또는 배출가스 관련 부품의 교체 명령, 저공해엔진(혼소엔진을 포함한다)으로의 개조 또는 교체 명령을 이행하지 아니한 자에 대한 벌칙은?

① 300만원 이하의 과태료
② 500만원 이하의 과태료
③ 700만원 이하의 과태료
④ 1000만원 이하의 과태료

> **해설** 저공해자동차로의 전환 또는 개조 명령, 배출가스저감장치의 부착·교체 명령 또는 배출가스 관련 부품의 교체 명령, 저공해엔진(혼소엔진을 포함한다)으로의 개조 또는 교체 명령을 이행하지 아니한 자 : 300만원 이하의 과태료

정답 ①

06 자동차의 원동기 가동제한을 위반한 1차 위반한 자동차의 운전자에 대한 과태료는?

① 5만원 　　　　　② 10만원

③ 15만원 　　　　　④ 20만원

> **해설** 자동차의 원동기 가동제한을 위반한 자동차의 운전자
> : 1차 위반 과태료 5만원, 2차 위반 과태료 5만원, 3차 이상 위반 과태료 5만원

정답 ①

07 운행차의 수시점검을 불응하거나 기피·방해한 자에 대한 과태료는?

① 100만원 이하

② 200만원 이하

③ 300만원 이하

④ 500만원 이하

> **해설** 운행차의 수시점검을 불응하거나 기피·방해한 자 :
> 200만원 이하의 과태료

정답 ②

Life is like riding a bicycle.
To keep your balance
you must keep moving.
인생은 자전거를 타는 것과 같다.
균형을 잡으려면 움직여야 한다.

– 알버트 아인슈타인(Albert Einstein) –

Qualification Test for Cargo Workers

PART 2

화물취급요령

Qualification Test for Cargo Workers

제1장 화물취급요령의 개요 [적중문제]

QUALIFICATION TEST FOR CARGO WORKERS

01 다음 화물의 과적에 관한 내용으로 바르지 것은?

① 과적 차량이나 상대적으로 무거운 화물을 적재한 차량은 내리막길에서는 속도를 준수해야 한다.

② 과적은 내리막길 운행 중 갑자기 멈출 경우 적재물의 쏠림에 의한 위험이 있다.

③ 과적은 자동차의 핸들조작, 제동장치조작, 속도조절 등을 어렵게 한다.

④ 과적은 브레이크 파열 위험이 있으므로 주의하여 운행해야 한다.

> **해설** 과적 차량이나 상대적으로 무거운 화물을 적재한 차량은 오르막길이나 내리막길에서는 서행하며 주의운행 해야 한다.

정답 ①

02 다음 적재화물에 관한 내용으로 바르지 않은 것은?

① 운전자가 화물을 직접 적재·취급하는 것과 상관없이 운전자는 묶고 덮는 것 등에 대한 책임이 있다.

② 운전자는 운행 전에 과적상태인지 확인하지 않아도 된다.

③ 운전자는 불안전한 화물이 있는지를 확인해야 한다.

④ 운행 중에도 적재화물의 상태를 파악해야 한다.

> **해설** 운전자는 운행 전에 과적상태인지, 불균형하게 적재되었는지, 불안전한 화물이 있는지 등을 확인해야 한다.

정답 ②

03 다음 화물 적재와 무게중심에 관한 내용으로 바르지 않은 것은?

① 화물을 적재할 때에는 앞쪽이나 뒤쪽으로 무게중심이 치우치지 않도록 한다.

② 화물이 운송 중에 쏠리지 않도록 윗부분부터 아래 바닥까지 팽팽히 고정시킨다.

③ 화물을 적재할 때에는 차량의 적재함 가운데부터 좌우로 적재한다.

④ 적재함 아래쪽에 상대적으로 가벼운 화물을 적재한다.

> **해설** 적재함 아래쪽에 상대적으로 무거운 화물을 적재하고 가벼운 화물은 위쪽에 적재한다.

정답 ④

04 다음 컨테이너 운반차량의 화물취급요령으로 틀린 것은?

① 냉동차량은 냉동설비 등으로 인해 무게중심이 낮기 때문에 급회전할 때 편리하다.

② 드라이 벌크 탱크 차량은 급회전할 때 주의해야 한다.

③ 소나 돼지와 같은 가축 또는 살아있는 동물을 운송하는 차량은 전복될 우려가 있다.

④ 길이가 긴 화물, 폭이 넓은 화물 또는 부피에 비하여 중량이 무거운 화물은 적재물의 특성을 알리는 특수장비를 갖추거나 경고표시를 한다.

> **해설** 냉동차량은 냉동설비 등으로 인해 무게중심이 높기 때문에 급회전할 때 특별한 주의 및 서행운전이 필요하다.

정답 ①

제 2 장 운송장 작성과 화물포장 [적중문제]

CBT 대비 필기문제

QUALIFICATION TEST FOR CARGO WORKERS

01 다음 운송장의 기능으로 볼 수 없는 것은?

① 화물인수증 기능
② 운송요금 영수증 기능
③ 선하증권 기능
④ 정보처리 기본자료

> **해설** **운송장의 기능** : 계약서 기능, 화물인수증 기능, 운송요금 영수증 기능, 정보처리 기본자료, 배달에 대한 증빙, 수입금 관리자료, 행선지 분류정보 제공

정답 ③

02 화물이 집하된 후 목적지에 도착할 때까지 각 단계의 작업에서 이 화물이 어디로 운행될 것인지를 알려주는 운송장의 기능은?

① 배송에 대한 증거서류 기능
② 운송요금 영수증 기능
③ 화물인수증 기능
④ 작업지시서 기능

> **해설** **행선지 분류정보 제공(작업지시서 기능)** : 운송장에는 화물의 행선지 또는 목적지 영업소를 표시하고 있는데 이는 화물이 집하된 후 목적지에 도착할 때까지 각 단계의 작업에서 이 화물이 어디로 운행될 것인지를 알려주는 기능을 한다.

정답 ④

03 택배업체 등 운송회사에서 사용하는 기본형 운송장의 용도가 아닌 것은?

① 송하인용   ② 수하인용
③ 배달표용   ④ 세금계산서용

> **해설** **기본형 운송장의 용도** : 송하인용, 전산처리용, 수입관리용, 배달표용, 수하인용

정답 ④

04 화물에 부착된 스티커형 운송장을 떼어 내어 배달표로 사용할 수 있는 운송장은?

① 배달표형 스티커 운송장
② 바코드 절취형 스티커 운송장
③ 기본형 운송장
④ 보조 운송장

> **해설** **배달표형 스티커 운송장** : 화물에 부착된 스티커형 운송장을 떼어 내어 배달표로 사용할 수 있는 운송장을 말한다.

정답 ①

05 다음 운송장에 기록되어야 할 내용으로 볼 수 없는 것은?

① 주문번호 또는 고객번호

② 화물의 가격

③ 화물의 용도

④ 화물의 수량

> **해설** 운송장에 기록되어야 할 내용 : 운송장 번호와 바코드, 송하인 주소·성명 및 전화번호, 수하인 주소·성명 및 전화번호, 주문번호 또는 고객번호, 화물명, 화물의 가격, 화물의 크기, 운임의 지급방법, 운송요금, 발송지, 도착지, 집하자, 인수자 날인, 특기사항, 면책사항, 화물의 수량

정답 ③

06 다음 운임의 지급방법으로 바르지 않은 것은?

① 선불   ② 외상

③ 착불   ④ 신용

> **해설** 운임의 지급방법 : 운송요금의 지불이 선불, 착불, 신용으로 구분되므로 이를 표시할 수 있도록 해야 한다(별도 운송장으로 운영하는 경우에는 불필요).

정답 ②

07 화물운송장에 기재할 내용 중 송하인의 기재사항은?

① 물품의 품명, 수량, 가격

② 도착점 코드

③ 운송료

④ 접수일자, 발송점, 도착점, 배달예정일

> **해설** 물품의 품명, 수량, 가격은 송하인의 기재사항이고 ②, ③, ④는 집하자의 기재사항이다.

정답 ①

08 운송장에 집하담당자가 기재해야 할 사항이 아닌 것은?

① 접수일자, 발송점, 도착점, 배달 예정일

② 수하인의 주소, 성명, 전화번호

③ 물품의 운송에 필요한 사항

④ 수하인용 송장상의 좌측하단에 총수량 및 도착점 코드

> **해설** 수하인의 주소, 성명, 전화번호는 송하인 기재사항이다.

정답 ②

09 다음 운송장 기재 시 유의사항으로 바르지 않은 것은?

① 수하인의 주소 및 전화번호는 확인하지 않는다.

② 도착점 코드가 정확히 기재되었는지 확인한다.

③ 도착점 코드가 정확히 기재되었는지 확인한다.

④ 파손, 부패, 변질 등 문제의 소지가 있는 물품의 경우에는 면책확인서를 받는다.

> **해설** 수하인의 주소 및 전화번호가 맞는지 재차 확인한다.

정답 ①

10 다음 운송장 기재 시 유의사항에 대한 설명으로 옳은 것은?

① 섬 지역과 같은 오지도 대도시와 동일한 배송예정일을 기재한다.

② 특약사항에 대하여 고객에게 고지하면 특약사항 약관설명 확인필에 서명은 받지 않아도 된다.

③ 수하인의 주소 및 전화번호가 맞는지 재차 확인한다.

④ 고객이 배송의뢰한 모든 화물에 대해서는 추가적인 할증을 일체 요구하지 않는다.

> **해설** ① 산간 오지, 섬 지역 등은 지역특성을 고려하여 배송 예정일을 전한다.
> ② 특약사항에 대하여 고객에게 고지한 후 특약사항 약관설명 확인필에 서명은 받는다.
> ④ 고가품에 대해서는 품목과 가격을 정확히 확인하여 기재하고 할증료를 청구하여야 한다.

정답 ③

11 다음 운송장 부착요령으로 바르지 않은 것은?

① 운송장은 물품의 정중앙 상단에 뚜렷하게 보이도록 부착한다.

② 운송장이 떨어지지 않도록 손으로 잘 눌러서 부착한다.

③ 물품 정중앙 상단에 부착이 어려운 경우 하단에 부착한다.

④ 운송장과 물품이 정확히 일치하는지 확인하고 부착한다.

> **해설** 물품 정중앙 상단에 부착이 어려운 경우 최대한 잘 보이는 곳에 부착한다.

정답 ③

12 다음 운송장 부착요령으로 바르지 않은 것은?

① 운송장을 화물포장 표면에 부착할 수 없는 소형, 변형화물은 박스에 넣어 수탁한 후 부착한다.

② 작은 소포의 경우에도 운송장 부착이 가능한 박스에 포장하여 수탁한 후 부착한다.

③ 최대한 잘 보이는 곳에 부착한다.

④ 2개 운송장이 부착된 물품이 도착되었을 때에는 반송한다.

> **해설** 운송장 2개가 한 개의 물품에 부착되는 경우가 발생하지 않도록 상차할 때마다 확인하고, 2개 운송장이 부착된 물품이 도착되었을 때에는 바로 집하지점에 통보하여 확인하도록 한다.

정답 ④

13 다음 포장의 기능으로 적합하지 않은 것은?

① 보호성 　　　　② 투명성
③ 판매촉진성 　　④ 효율성

> **해설** 포장의 기능 : 보호성, 표시성, 상품성, 편리성, 효율성, 판매촉진성

정답 ②

14 다음 포장의 기능에 대한 설명이 바르지 않은 것은?

① 표시성 : 인쇄, 라벨 붙이기 등을 쉽게 하는 기능이다.

② 편리성 : 이물질의 혼입과 오염을 방지하는 기능이다.

③ 판매촉진성 : 판매의욕을 환기시킴과 동시에 광고효과가 많은 기능이다.

④ 보호성 : 내용물의 변형과 파손으로부터 보호하는 기능이다.

> **해설** 이물질의 혼입과 오염을 방지하는 기능은 보호성에 관한 설명이다. 편리성은 공업포장, 상업포장에 공통된 것으로서 진열이 쉽고 수송, 하역, 보관이 편리하다.

정답 ②

15 다음 포장의 기능이 아닌 것은?

① 표시성 　　　　② 신속성
③ 편리성 　　　　④ 효율성

> **해설** 포장의 기능 : 보호성, 표시성, 상품성, 편리성, 효율성, 판매촉진성

정답 ②

16 포장된 물품 또는 단위포장물이 포장 재료나 용기의 경직성으로 형태가 변화되지 않고 고정되는 포장은?

① 강성포장 　　　② 상업포장
③ 방수포장 　　　④ 공업포장

> **해설** 강성포장 : 포장된 물품 또는 단위포장물이 포장 재료나 용기의 경직성으로 형태가 변화되지 않고 고정되는 포장을 말한다.

정답 ①

17 포장내부에 물이 침입하는 것을 방지하는 포장은?

① 방청포장 ② 방습포장
③ 압축포장 ④ 방수포장

> **해설** **방수포장** : 포장화물의 수송, 보관, 하역과정에서 포장 내용물을 괴어 있는 물, 바닷물, 빗물, 물방울로부터 보호하기 위해 방수 포장재료, 방수 접착제 등을 사용하여 포장내부에 물이 침입하는 것을 방지하는 포장

정답 ④

18 물품을 1개 또는 여러 개를 합하여 수축 필름으로 덮고, 이것을 가열 수축시켜 물품을 강하게 고정·유지하는 포장은?

① 수축포장 ② 압축포장
③ 방청포장 ④ 방습포장

> **해설** **수축포장** : 물품을 1개 또는 여러 개를 합하여 수축 필름으로 덮고, 이것을 가열 수축시켜 물품을 강하게 고정·유지하는 포장을 말한다.

정답 ①

19 다음 화물포장에 관한 일반적 유의사항으로 바르지 않은 것은?

① 고객에게 화물이 훼손되지 않게 포장을 보강하도록 양해를 구한다.
② 포장이 미비하여 포장 보강을 고객이 거부할 경우에도 집하를 거절할 수 없다.
③ 포장비를 별도로 받고 포장할 수 있다.
④ 포장이 미비하여 포장 보강을 고객이 거부할 경우 면책확인서에 고객의 자필 서명을 받고 집하한다.

> **해설** 포장이 미비하거나 포장 보강을 고객이 거부할 경우 집하를 거절할 수 있으며 부득이 발송할 경우에는 면책확인서에 고객의 자필 서명을 받고 집하한다.

정답 ②

20 다음 특별 품목에 대한 포장시 유의사항으로 옳지 않은 것은?

① 식품류의 경우 박스포장을 원칙으로 한다.
② 가구류의 경우 박스 포장하고 모서리부분을 에어캡으로 포장처리 후 면책확인서를 받아 집하한다.
③ 부패 또는 변질되기 쉬운 물품의 경우 아이스박스를 사용한다.
④ 깨지기 쉬운 물품 등의 경우 플라스틱 용기로 대체한다.

> **해설** 식품류(김치, 특산물, 농수산물 등)의 경우 스티로폼으로 포장하는 것을 원칙으로 하되, 스티로폼이 없을 경우 비닐로 내용물이 손상되지 않도록 포장한 후 두꺼운 골판지 박스 등으로 포장하여 집하한다.

정답 ①

21 비나 눈이 올 때의 운송화물 배송방법으로 올바른 것은?

① 스티로폼 포장
② 아이스박스 포장
③ 비닐포장 후 박스 포장
④ 플라스틱 병 포장

> **해설** 비나 눈이 올 경우 비닐 포장 후 박스포장을 원칙으로 한다.

정답 ③

22 다음 집하시의 유의사항으로 바르지 않은 것은?

① 물품의 특성을 잘 파악한다.
② 물품의 종류에 따라 포장방법을 달리한다.
③ 집하할 때에는 반드시 물품의 포장상태를 확인한다.
④ 물품의 가격에 따라 분류한다.

> **해설** 물품은 종류, 포장방법, 포장상태에 따라 집하한다.

정답 ④

23 다음 취급 표지의 전체 높이로 바르지 않은 것은?

① 50mm ② 100mm

③ 150mm ④ 200mm

> **해설** 취급 표지의 크기 : 일반적인 목적으로 사용하는 취급 표지의 전체 높이는 100mm, 150mm, 200mm의 세 종류가 있다. 그러나 포장의 크기나 모양에 따라 표지의 크기는 조정할 수 있다.

정답 ①

24 다음 취급 표지의 수와 위치에 관한 내용으로 옳지 않은 것은?

① "깨지기 쉬움, 취급 주의" 표지는 4개의 수직면에 모두 표시해야 하며 위치는 각 변의 왼쪽 윗부분이다.

② "위 쌓기" 표지는 "깨지기 쉬움, 취급 주의" 표지와 같은 위치에 표시하여야 한다.

③ "지게차 꺾쇠 취급 표시" 표지는 클램프를 이용하여 취급할 화물에 사용한다.

④ "무게 중심 위치" 표지는 가능한 한 4면 모두에 표시하는 것이 좋지만 그렇지 않은 경우 최소한 무게 중심의 실제 위치와 관련 있는 측면에 표시한다.

> **해설** "무게 중심 위치" 표지는 가능한 한 여섯 면 모두에 표시하는 것이 좋지만 그렇지 않은 경우 최소한 무게 중심의 실제 위치와 관련 있는 4개의 측면에 표시한다.

정답 ④

제**3**장 화물의 상·하차 [적중문제]

QUALIFICATION TEST FOR CARGO WORKERS

01 다음 화물취급 전 준비사항으로 바르지 않은 것은?

① 안전모는 턱끈을 매어 착용한다.
② 보호구의 사용방법은 알고 있는지 확인한다.
③ 유해, 유독화물 확인을 철저히 한다.
④ 화물의 포장이 거칠거나 미끄러움, 뾰족함 등은 무시하고 작업에 착수한다.

> **해설** 화물의 포장이 거칠거나 미끄러움, 뾰족함 등은 없는지 확인한 후 작업에 착수한다.

정답 ④

02 다음 창고 내 작업 및 입·출고 작업 요령으로 올바르지 않은 것은?

① 화물을 연속적으로 이동시키기 위해 컨베이어를 사용할 때에는 주의해야 한다.
② 작업시간을 절약하기 위해 화물더미의 상층과 하층에서 동시에 작업을 진행한다.
③ 발판을 활용한 작업을 할 때에는 미끄럼 방지조치에 주의해야 한다.
④ 화물의 붕괴를 막기 위하여 적재규정을 준수하고 있는지 확인한다.

> **해설** 화물더미의 상층과 하층에서 동시에 작업을 하지 않는다.

정답 ②

03 창고 내에서 화물을 옮길 때의 주의사항이 바르지 않은 것은?

① 작업 안전통로를 충분히 확보한 후 화물을 적재한다.
② 창고의 통로 등에 장애물이 없도록 조치한다.
③ 창고 내에서의 흡연은 최대한 화물과 멀리 떨어진 곳에서 한다.
④ 운반통로에 안전하지 않은 곳이 없도록 조치한다.

> **해설** 창고 내에서 작업할 때에는 어떠한 경우라도 흡연을 금한다.

정답 ③

04 화물더미에서 작업할 때의 주의사항으로 옳지 않은 것은?

① 화물더미 위로 오르고 내릴 때에는 안전한 승강시설을 이용한다.
② 화물더미 위에서 작업을 할 때에는 힘을 줄 때 발밑을 항상 조심한다.
③ 화물더미의 상층과 하층에서 동시에 작업을 하지 않는다.
④ 적재된 화물의 균형을 맞추기 위해 화물더미의 중간에서 화물을 뽑아낸다.

> **해설** 화물더미의 중간에서 화물을 뽑아내거나 직선으로 깊이 파내는 작업을 하지 않아야 한다.

정답 ④

05 화물을 운반할 때의 주의사항으로 바르지 않은 것은?

① 운반하는 물건이 시야를 가리지 않도록 한다.
② 뒷걸음질로 화물을 운반해서는 안 된다.
③ 바닥에 물건 등이 놓여 있으면 즉시 치우도록 한다.
④ 원기둥형 화물을 굴릴 때는 뒤로 끌어야 한다.

> **해설** 원기둥형 화물을 굴릴 때는 앞으로 밀어 굴리고 뒤로 끌어서는 안 된다.

> **정답** ④

06 다음 화물의 하역방법으로 옳지 않은 것은?

① 작은 화물 위에 큰 화물을 놓지 말아야 한다.
② 길이가 고르지 못하면 한쪽 끝을 맞추도록 한다.
③ 종류가 다른 것을 적치할 때는 가벼운 것을 밑에 쌓는다.
④ 부피가 큰 것을 쌓을 때는 무거운 것은 밑에 가벼운 것은 위에 쌓는다.

> **해설** 종류가 다른 것을 적치할 때는 무거운 것을 밑에 쌓는다.

> **정답** ③

07 화물의 길이와 크기가 일정하지 않을 경우의 적재방법 중 올바른 것은?

① 길이에 관계없이 쌓는다.
② 길이가 고르지 못하면 한쪽 끝이 맞도록 한다.
③ 작은 화물 위에 큰 화물을 놓는다.
④ 큰 화물과 작은 화물을 섞어서 쌓는다.

> **해설** ①, ② 길이가 고르지 못하면 한쪽 끝이 맞도록 한다.
> ③, ④ 작은 화물 위에 큰 화물을 놓지 말아야 한다.

> **정답** ②

08 다음 화물의 하역방법으로 바르지 않은 것은?

① 높은 곳에 적재할 때나 무거운 물건을 적재할 때에는 절대 무리해서는 안된다.
② 물품을 적재할 때는 구르거나 무너지지 않도록 받침대를 사용한다.
③ 같은 종류 또는 동일규격끼리 적재를 하지 않아야 한다.
④ 물건을 적재할 때 주변으로 넘어질 것을 대비해 위험한 요소는 사전에 제거한다.

> **해설** 같은 종류 또는 동일규격끼리 적재해야 한다.

> **정답** ③

09 다음 화물의 하역방법으로 바르지 않은 것은?

① 화물을 싣고 내리는 작업을 할 때에는 화물더미 적재순서를 준수하여야 한다.
② 화물의 붕괴, 전도 및 충격 등의 위험에 각별히 유의한다.
③ 화물을 내려서 밑바닥에 닿을 때에는 갑자기 화물이 무너지는 일이 있으므로 안전한 거리를 유지하고 무심코 접근하지 말아야 한다.
④ 포대화물을 적치할 때는 겹쳐쌓기, 벽돌쌓기, 단별방향 바꾸어쌓기 등 기본형으로 쌓고 올라가면서 바깥을 향하여 적당히 끌어당겨야 한다..

> **해설** 포대화물을 적치할 때는 겹쳐쌓기, 벽돌쌓기, 단별방향 바꾸어쌓기 등 기본형으로 쌓고 올라가면서 중심을 향하여 적당히 끌어당겨야 하며 화물더미의 주위와 중심이 일정하게 쌓아야 한다.

> **정답** ④

part **02**

10 다음 적재함 적재방법으로 옳지 않은 것은?

① 가축은 한데 몰아 움직임을 제한하는 임시 칸막이를 사용한다.
② 냉동 및 냉장차량은 공기가 화물 전체에 통하게 하여 균등한 온도를 유지하도록 열과 열 사이 및 주위에 공간을 남기도록 유의한다.
③ 가벼운 화물이라도 너무 높게 적재하지 않도록 한다.
④ 무거운 화물은 적재함의 뒷부분에 무게가 집중될 수 있도록 적재한다.

> **해설** 화물을 적재할 때에는 최대한 무게가 골고루 분산될 수 있도록 하고, 무거운 화물은 적재함의 중간부분에 무게가 집중될 수 있도록 적재한다.

> **정답** ④

11 차량 내 화물 적재방법으로 바르지 않는 것은?

① 상차할 때 넘어지지 않도록 질서있게 정리하여 적재한다.
② 긴 물건을 적재할 때는 끝에 위험표시를 한다.
③ 차의 요동으로 불안정한 화물은 결박하지 않는다.
④ 적재함보다 긴 물건을 적재할 때에는 적재함 밖으로 나온 부위에 위험표시를 하여 둔다.

> **해설** 차의 동요로 안정이 파괴되기 쉬운 짐은 결박을 철저히 해야 한다.

> **정답** ③

12 다음 적재함 적재방법으로 알맞지 않는 것은?

① 방수천은 주행할 때 펄럭이도록 한다.
② 화물을 결박할 때에 추락, 전도 위험이 크므로 유의한다.
③ 적재함 위에서 화물을 결박할 때 앞에서 뒤로 당겨 떨어지지 않도록 주의한다.
④ 차량용 로프나 고무바는 항상 점검 후 사용한다.

> **해설** 방수천은 로프, 직물 끈 또는 고리가 달린 고무 끈을 사용하여 주행할 때 펄럭이지 않도록 묶는다.

> **정답** ①

13 다음 적재함 적재방법으로 적합하지 않은 것은?

① 적재할 때에는 제품의 무게를 반드시 고려할 사항이 아니다.
② 병 제품이나 앰플 등의 경우는 파손의 우려가 높기 때문에 취급에 특히 주의를 요한다.
③ 적재 후 밴딩 끈을 사용할 때 견고하게 묶여졌는지 여부를 항상 점검해야 한다.
④ 컨테이너는 트레일러에 단단히 고정되어야 한다.

> **해설** 적재할 때에는 제품의 무게를 반드시 고려해야 한다. 병 제품이나 앰플 등의 경우는 파손의 우려가 높기 때문에 취급에 특히 주의를 요한다.

> **정답** ①

14 공동으로 운반작업을 할 때의 방법으로 바르지 않은 것은?

① 체력이나 신체조건 등을 고려하여 균형 있게 조를 구성한다.
② 상호간에 신호를 정확히 하고 진행 속도를 맞춘다.
③ 리더의 통제 하에 수신호로 진행 속도를 맞춘다.
④ 긴 화물을 들어 올릴 때에는 두 사람이 화물을 향하여 평행으로 서서 들어 올린다.

> **해설** 체력이나 신체조건 등을 고려하여 균형 있게 조를 구성하고, 리더의 통제 하에 큰 소리로 신호하여 진행 속도를 맞춘다.

> **정답** ③

15 다음 운반작업을 할 때의 방법으로 바르지 않은 것은?

① 물품을 들어올리기에 힘겨운 것은 단독작업을 금한다.
② 무거운 물건을 무리해서 들거나 너무 많이 들지 않는다.
③ 가능한 한 물건을 신체에 붙여서 단단히 잡고 운반한다.
④ 무거운 물품은 들지 말고 굴려서 운반한다.

> **해설** 무거운 물품은 공동운반하거나 운반차를 이용한다.

> **정답** ④

16 단독으로 화물을 운반하고자 할 때에는 인력운반중량 권장기준으로 바르지 않은 것은?

① 일시작업(시간당 2회 이하) 성인남자 : 25~30kg
② 일시작업(시간당 2회 이하) 성인여자 : 15~20kg
③ 계속작업(시간당 3회 이상) 성인남자 : 15~25kg
④ 계속작업(시간당 3회 이상) 성인여자 : 5~10kg

해설 단독으로 화물을 운반하고자 할 때에는 인력운반중량 권장기준(인력운반 안전작업에 관한 지침)
1. 일시작업(시간당 2회 이하) : 성인남자(25~30kg), 성인여자(15~20kg)
2. 계속작업(시간당 3회 이상) : 성인남자(10~15kg), 성인여자(5~10kg)

정답 ③

17 화물 운반작업을 할 때의 방법으로 알맞지 않는 것은?

① 긴 물건을 어깨에 메고 운반할 때에는 앞부분의 끝을 운반자 키보다 약간 높게 한다.
② 긴 물건을 어깨에 메고 운반할 때에는 모서리 등에 충돌하지 않도록 운반한다.
③ 시야를 가리는 물품은 계단을 이용하여 운반한다.
④ 물품을 운반하고 있는 사람과 마주치면 그 발밑을 방해하지 않게 피해준다.

해설 시야를 가리는 물품은 계단이나 사다리를 이용하여 운반하지 않는다.

정답 ③

18 다음 화물 운반작업을 할 때의 방법으로 옳지 않은 것은?

① 화물을 운반할 때는 주로 곡선거리로 운반한다.
② 화물을 들어 올리거나 내리는 높이는 작게 할수록 좋다.
③ 보조용구(갈고리, 지렛대, 로프 등)는 항상 점검하고 바르게 사용한다.
④ 취급할 화물 크기와 무게를 파악하고, 못이나 위험물이 부착되어 있는지 살펴본다.

해설 화물을 운반할 때는 들었다 놓았다 하지 말고 직선거리로 운반한다.

정답 ①

19 다음 화물을 작업할 때의 방법으로 옳지 않은 것은?

① 화물을 하역하기 위해 로프를 풀고 문을 열 때는 짐이 무너질 위험이 있으므로 주의한다.
② 작업의 편의상 화물 위에 올라가서 작업을 한다.
③ 동일거래처의 제품이 자주 파손될 때에는 반드시 개봉하여 포장상태를 점검한다.
④ 수제품의 경우에는 옆으로 눕혀 포장하지 말고 상하를 구별할 수 있는 스티커와 취급주의 스티커의 부착이 필요하다.

해설 화물 위에 올라타지 않도록 한다.

정답 ②

20 다음 기계작업으로 운반할 때의 기준으로 적합하지 않은 것은?

① 두뇌작업이 필요한 작업
② 표준화되어 있어 지속적으로 운반량이 많은 작업
③ 취급물품의 형상, 성질, 크기 등이 일성한 작업
④ 단순하고 반복적인 작업

해설 두뇌작업이 필요한 작업은 손으로 운반을 하도록 한다.

정답 ①

21 다음 고압가스의 취급에 관한 사항으로 바르지 않은 것은?

① 안전관리책임자가 운반책임자 또는 운반차량 운전자에게 그 고압가스의 위해 예방에 필요한 사항을 주지시킬 것
② 노면이 나쁜 도로를 운행할 때에는 운행 개시 전에 충전용기의 적재상황을 재검사하여 이상이 없는가를 확인할 것
③ 고압가스를 적재하여 운반하는 차량은 장시간 정차할 것
④ 고압가스를 운반할 때에는 그 고압가스의 명칭, 성질 및 이동 중의 재해방지를 위해 필요한 주의사항을 기재한 서면을 운반책임자 또는 운전자에게 교부하고 운반 중에 휴대시킬 것

해설 고압가스를 적재하여 운반하는 차량은 차량의 고장, 교통사정 또는 운반책임자, 운전자의 휴식 등 부득이한 경우를 제외하고는 장시간 정차하지 않으며, 운반책임자와 운전자가 동시에 차량에서 이탈하지 아니할 것

정답 ③

22 동일 컨테이너에 수납하지 말아야 할 화물이 아닌 것은?

① 품명이 틀린 위험물 또는 위험물과 위험물 이외의 화물이 상호작용하여 발열 및 가스를 발생시키는 화물

② 물리적 화학작용이 일어날 염려가 있는 화물

③ 위험물 이외의 화물과 목재 화물

④ 부식작용이 일어날 염려가 있는 화물

> **해설** 품명이 틀린 위험물 또는 위험물과 위험물 이외의 화물이 상호작용하여 발열 및 가스를 발생시키고 부식작용이 일어나거나 기타 물리적 화학작용이 일어날 염려가 있을 때에는 동일 컨테이너에 수납하지 말아야 한다.

정답 ③

23 컨테이너의 적재방법으로 바르지 않은 것은?

① 테이너가 이동하는 동안에 전도, 손상, 찌그러지는 현상 등이 생기지 않도록 적재한다.

② 위험물이 수납되어 수밀의 금속제 컨테이너를 적재하기 위해 설비를 갖추고 있는 선창 또는 구획에 적재할 경우는 상호 관계를 참조하여 적재하도록 한다.

③ 컨테이너를 적재 후 반드시 콘(잠금장치)을 잠근다.

④ 물리적 화학작용이 일어날 염려가 있을 때에도 동일 컨테이너에 수납할 수 있다.

> **해설** 품명이 틀린 위험물 또는 위험물과 위험물 이외의 화물이 상호작용하여 발열 및 가스를 발생시키고, 부식작용이 일어나거나 기타 물리적 화학작용이 일어날 염려가 있을 때에는 동일 컨테이너에 수납해서는 안 된다.

정답 ④

24 독극물 취급 시의 주의사항으로 옳지 않은 것은?

① 용기가 깨어질 염려가 있는 것은 나무상자나 플라스틱상자 속에 넣어 보관할 것

② 쌓아둔 것은 일반 화물과 혼재하여 보관할 것

③ 독극물이 들어있는 용기가 쓰러지거나 미끄러지거나 튀지 않도록 철저하게 고정할 것

④ 독극물을 보호할 수 있는 조치를 취하고 적재 및 적하 작업 전에는 주차 브레이크를 사용하여 차량이 움직이지 않도록 조치할 것

> **해설** 용기가 깨어질 염려가 있는 것은 나무상자나 플라스틱 상자 속에 넣어 보관하고, 쌓아둔 것은 울타리나 철망 등으로 둘러싸서 보관할 것

정답 ②

25 다음 화물의 상·하차 작업 시 확인사항으로 바르지 않은 것은?

① 적재화물의 높이, 길이, 폭 등의 제한은 지키고 있는지 여부

② 받침목, 지주, 로프 등 필요한 보조용구는 준비되어 있는지 여부

③ 위험물이나 긴 화물은 소정의 위험표지를 하였는지 여부

④ 차량에 운행기록계가 설치되어 있는지 여부

> **해설** 운행기록계의 설치여부는 화물의 상·하차 작업 시 확인사항이 아니다.

정답 ④

제4장 적재물 결박·덮개 설치 [적중문제]

QUALIFICATION TEST FOR CARGO WORKERS

01 팔레트(Pallet) 화물의 붕괴 방지요령 중 밴드걸기 방식으로 옳지 않은 것은?

① 각목대기 수평 밴드걸기 방식은 포장화물의 네 모퉁이에 각목을 대고, 그 바깥쪽으로 부터 밴드를 거는 방법이다.

② 쌓은 화물의 압력이나 진동·충격으로 밴드가 느슨해지는 결점이 있다.

③ 화물이 갈라지는 것을 방지하기 어렵다.

④ 어느 쪽이나 밴드가 걸려 있는 부분은 화물의 움직임을 억제한다.

> **해설** 화물이 갈라지는 것을 방지하기 어려운 방식은 주연(周緣)어프 방식이다.

> **정답** ③

02 다음 풀 붙이기와 밴드걸기 방식을 병용한 것으로 화물의 붕괴를 방지하는 효과를 한층 더 높이는 방법은?

① 수평 밴드걸기 풀 붙이기 방식

② 풀 붙이기 접착 방식

③ 슬립 멈추기 시트삽입 방식

④ 주연(周緣)어프 방식

> **해설** 풀 붙이기와 밴드걸기 방식을 병용한 것으로 화물의 붕괴를 방지하는 효과를 한층 더 높이는 방법은 수평 밴드걸기 풀 붙이기 방식이다.

> **정답** ①

03 팔레트(Pallet) 화물의 붕괴 방지요령 중 풀 붙이기 접착 방식에 관한 내용으로 바르지 않은 것은?

① 팔레트 화물의 붕괴 방지대책의 자동화·기계화가 가능하다.

② 비용이 비싼 것이 단점이다.

③ 사용하는 풀은 미끄럼에 대한 저항이 강하다.

④ 상하로 뗄 때의 저항은 약한 것을 택하지 않으면 화물을 팔레트에서 분리시킬 때에 장해가 일어난다.

> **해설** 풀 붙이기 접착 방식은 팔레트 화물의 붕괴 방지대책의 자동화·기계화가 가능하고, 비용도 저렴한 방식이다.

> **정답** ②

04 팔레트 화물의 붕괴를 방지하기 위한 슈링크 방식에 대한 설명으로 바르지 않은 것은?

① 비용이 저렴하다.

② 통기성이 없다.

③ 물이나 먼지도 막아내기 때문에 우천 시의 하역이나 야적보관도 가능하게 된다.

④ 열수축성 플라스틱 필름을 이용한다.

> **해설** 슈링크 방식은 통기성이 없고 고열의 터널을 통과하므로 상품에 따라서는 이용할 수가 없고 비용이 많이 든다.

> **정답** ①

05 차량에 특수장치를 설치하는 방법으로 적합하지 않은 것은?

① 화물붕괴 방지와 짐을 싣고 내리는 작업성을 생각하여, 차량에 특수한 장치를 설치하는 방법이 있다.

② 적재공간이 팔레트 화물치수에 맞추어 작은 칸으로 구분되는 장치를 설치한다.

③ 팔레트 화물의 높이가 일정하다면 적재함의 천장이나 측벽에서 팔레트 화물이 붕괴되지 않도록 누르는 장치를 설치한다.

④ 에어백이라는 공기가 든 부대를 사용한다.

> **해설** 공기가 든 부대를 사용하는 것은 팔레트 화물 사이에 생기는 틈바구니를 적당한 재료로 메우는 방법이다.

정답 ④

06 포장화물의 하역 시의 충격에 관한 설명으로 바르지 않은 것은?

① 하역 시의 충격 중 가장 큰 충격은 낙하충격이다.

② 낙하충격이 화물에 미치는 영향은 낙하의 높이, 낙하면의 상태 등에 따라 다르다.

③ 낙하충격이 화물에 미치는 영향은 낙하상황과 포장의 방법에 따라 다르다.

④ 견하역의 높이는 50cm 이상이다.

> **해설** 견하역의 높이는 100cm 이상이다.

정답 ④

07 화물의 수송중의 충격 및 진동에 관한 내용으로 바르지 않은 것은?

① 트랙터와 트레일러를 연결할 때 발생하는 수평충격이 있다.

② 수평충격은 낙하충격에 비하면 큰 편이다.

③ 화물은 수평충격과 함께 수송 중에는 항상 진동을 받고 있다.

④ 화물을 고정시켜 진동으로부터 화물을 보호한다.

> **해설** 수송중의 충격으로서는 트랙터와 트레일러를 연결할 때 발생하는 수평충격이 있는데, 이것은 낙하충격에 비하면 적은 편이다.

정답 ②

08 보관 및 수송중의 압축하중에 관한 내용으로 바르지 않은 것은?

① 포장화물은 보관 중 또는 수송 중에 밑에 쌓은 화물이 반드시 압축하중을 받는다.

② 내하중은 포장 재료에 따라 상당히 다르다.

③ 나무상자는 압축하중에 의한 강도의 변화가 거의 없다.

④ 주행 중에는 상하진동을 받음으로 4배 정도로 압축하중을 받게 된다.

> **해설** 포장화물은 보관 중 또는 수송 중에 밑에 쌓은 화물이 반드시 압축하중을 받는다. 이를 테면, 통상 높이는 창고에서는 4m, 트럭이나 화차에서는 2m이지만, 주행 중에는 상하진동을 받음으로 2배 정도로 압축하중을 받게 된다.

정답 ④

제 5 장

운행요령 [적중문제]

QUALIFICATION TEST FOR CARGO WORKERS

01 다음 운행요령 일반사항에 관한 내용으로 옳지 않은 것은?

① 사고예방을 위하여 관계법규를 준수한다.
② 운전 전, 운전 중, 운전 후 점검 및 정비를 철저히 이행한다.
③ 운전 중에는 흡연 또는 잡담을 하여 졸음을 방지한다.
④ 운전에 지장이 없도록 충분한 수면을 취한다.

> **해설** 운전에 지장이 없도록 충분한 수면을 취하고, 주취운전이나 운전 중에는 흡연 또는 잡담을 하지 않는다.

정답 ③

02 다음 운행요령 일반사항에 관한 내용으로 바르지 않은 것은?

① 내리막길을 운전할 때에는 기어를 중립에 둔다.
② 장거리운송의 경우 고속도로 휴게소 등에서 휴식을 취하다가 잠들어 시간이 지연되는 일이 없도록 한다.
③ 인화성물질 운반 시는 각별한 안전관리를 한다.
④ 고속도로 운전, 장마철, 여름철, 한랭기, 악천후, 철길 건널목, 나쁜 길, 야간에 운전할 때에는 제반 안전관리 사항에 대해 더욱 주의한다.

> **해설** 내리막길을 운전할 때에는 기어를 중립에 두지 않는다.

정답 ①

03 운행에 따른 일반적인 주의사항으로 틀린 것은?

① 주차는 경사진 곳에 한다.
② 위험물을 운반할 때에는 위험물 표지 설치 등 관련규정을 준수하여야 한다.
③ 화물을 적재하고 운행할 때에는 수시로 화물적재 상태를 확인한다.
④ 운전은 절대 서두르지 말고 침착하게 해야 한다.

> **해설** 가능한 한 경사진 곳에 주차하지 않아야 한다.

정답 ①

04 다음 트랙터(Tractor) 운행에 따른 주의사항으로 옳지 않은 것은?

① 고속주행 중의 급제동은 잭나이프 현상 등의 위험을 초래하므로 소심한다.
② 중량물 및 활대품을 수송하는 경우에는 바인더 잭(Binder Jack)으로 화물결박을 철저히 하고, 운행할 때에는 수시로 결박 상태를 확인한다.
③ 장거리 운행할 때에는 최소한 4시간 주행마다 10분 이상 휴식하면서 타이어 및 화물결박 상태를 확인한다.
④ 화물의 균등한 적재가 이루어지도록 한다.

> **해설** 장거리 운행할 때에는 최소한 2시간 주행마다 10분 이상 휴식하면서 타이어 및 화물결박 상태를 확인한다.

정답 ③

05 다음 컨테이너 상차 전의 확인사항으로 바르지 않은 것은?

① 화주로부터 배차지시를 받는다.
② 배차부서로부터 상차지, 도착시간을 통보 받는다.
③ 컨테이너 라인을 배차부서로부터 통보 받는다.
④ 상차할 때 해당 게이트로 가서 담당자에게 면장번호를 불러주고 보세운송 면장과 적하목록을 출력 받는다.

> **해설** 운전자는 배차부서로부터 배차지시를 받는다.

> **정답** ①

06 다른 라인의 컨테이너를 상차할 때 배차부서로부터 통보받아야 할 사항으로 바르지 않은 것은?

① 라인 종류
② 하차 장소
③ 담당자 이름과 직책, 전화번호
④ 터미널일 경우 반출 전송을 하는 사람

> **해설** 다른 라인(Line)의 컨테이너를 상차할 때 배차부서로부터 통보받아야 할 사항 : 라인 종류, 상차 장소, 담당자 이름과 직책 및 전화번호, 터미널일 경우 반출 전송을 하는 사람

> **정답** ②

07 다음 화물의 상차 후의 확인사항으로 바르지 않은 것은?

① 도착장소와 도착시간을 다시 한 번 정확히 확인한다.
② 운전자 본인이 실중량이 더 무겁다고 판단되면 관련부서로 연락해서 운송 여부를 통보 받는다.
③ 컨테이너 라인(LINE)을 배차부서로부터 통보받는다.
④ 상차한 후에는 해당 게이트(Gate)로 가서 전산 정리를 해야 한다.

> **해설** ③은 상차 전 확인사항에 해당된다.

> **정답** ③

08 화주 공장에 도착하였을 때 하여야 할 사항이 아닌 것은?

① 공장 내 운행속도를 준수한다.
② 사소한 문제라도 발생하면 직접 담당자와 문제를 해결하려고 하지 말고, 반드시 배차부서에 연락한다.
③ 각 공장 작업자의 모든 지시 사항을 반드시 따른다.
④ 상·하차할 때 시동은 유지한다.

> **해설** 상·하차할 때 시동은 반드시 끈다.

> **정답** ④

09 고속도로를 운행할 때 운행제한 대상이 되는 차량 총중량의 기준은?

① 40톤 초과
② 45톤 초과
③ 50톤 초과
④ 55톤 초과

> **해설** 차량 총중량이 40톤을 초과하면 고속도로 운행제한 차량에 해당한다.

> **정답** ①

10 다음 고속도로 제한차량 적재불량 차량으로 옳지 않은 것은?

① 덮개를 씌우지 않았거나 묶지 않아 결속상태가 불량한 차량
② 화물 적재가 편중되어 전도 우려가 있는 차량
③ 액체 적재물 방류 또는 유출 차량
④ 사고 차량을 견인하면서 저속인 차량

> **해설** 사고 차량을 견인하면서 파손품의 낙하가 우려되는 차량이 적재불량 차량이다.

> **정답** ④

11 차량의 안전운행을 위하여 고속도로순찰대와 협조하여 차량호송을 하는 경우로 볼 수 없는 것은?

① 적재물을 포함하여 길이 5m를 초과하는 차량으로서 운행상 호송이 필요하다고 인정되는 경우

② 구조물통과 하중계산서를 필요로 하는 중량제한 차량

③ 적재물을 포함하여 차폭 3.6m를 초과하는 차량으로서 운행상 호송이 필요하다고 인정되는 경우

④ 주행속도 50km/h 미만인 차량의 경우

> **해설** 차량의 안전운행을 위하여 고속도로순찰대와 협조하여 차량호송을 하는 경우
> 1. 적재물을 포함하여 차폭 3.6m 또는 길이 20m를 초과하는 차량으로서 운행상 호송이 필요하다고 인정되는 경우
> 2. 구조물통과 하중계산서를 필요로 하는 중량제한차량
> 3. 주행속도 50km/h 미만인 차량의 경우

정답 ①

12 다음 중 과적으로 나타나는 현상을 잘못 설명한 것은?

① 충돌 시의 충격력은 차량의 중량과 속도에 비례하여 증가

② 과적에 의한 차량의 무게중심 하강으로 인해 차량이 균형을 잃어 전도될 가능성 증가

③ 과적에 의해 차량이 무거워지면 제동거리가 길어져 사고의 위험성 증가

④ 적재중량보다 20%를 초과한 과적차량의 경우 타이어 내구수명은 30% 감소

> **해설** 과적에 의한 차량의 무게중심 상승으로 인해 차량이 균형을 잃어 전도될 가능성도 높아진다.

정답 ②

13 과적재의 주요원인 및 현황으로 바르지 않은 것은?

① 운전자가 과적재를 통하여 서행운행 하기 위해서 하는 경우

② 운전자는 과적재하고 싶지 않지만 화주의 요청으로 어쩔 수 없이 하는 경우

③ 과적재를 하지 않으면 수입에 영향을 주므로 어쩔 수 없이 하는 경우

④ 과적재는 교통사고나 교통공해 등을 유발하여 자신이나 타인의 생활을 위협하는 요인으로 작용

> **해설** 과적재의 주요원인 및 현황
> 1. 운전자는 과적재하고 싶지 않지만 화주의 요청으로 어쩔 수 없이 하는 경우
> 2. 과적재를 하지 않으면 수입에 영향을 주므로 어쩔 수 없이 하는 경우
> 3. 과적재는 교통사고나 교통공해 등을 유발하여 자신이나 타인의 생활을 위협하는 요인으로 작용

정답 ①

제6장 화물의 인수·인계요령 [적중문제]

CBT 대비
필기문제

QUALIFICATION TEST FOR CARGO WORKERS

01 화물의 인수요령으로 적절하지 않은 것은?

① 도서지역인 경우 부대비용을 을 수하인에게 징수할 수 있음을 반드시 알려주고, 이해를 구한 후 인수한다.
② 항공기 탑재 불가 물품은 고객에게 이해를 구한 다음 집하를 거절한다.
③ 공료가 착불일 경우 기타란에 항공료 착불이라고 기재하고 합계란은 공란으로 비워둔다.
④ 도서지역의 경우 소비자의 양해를 얻어 운임 및 도선료는 착불로 처리한다.

> **해설** 도서지역의 경우 차량이 직접 들어갈 수 없는 지역은 착불로 거래 시 운임을 징수할 수 없으므로 소비자의 양해를 얻어 운임 및 도선료는 선불로 처리한다.

> **정답** ④

02 다음 화물을 인수하는 요령으로 바르지 않은 것은?

① 전화로 예약 접수 시 고객의 배송요구일자는 확인하지 않아도 된다.
② 운송장을 교부하기 전에 물품을 먼저 인수한다.
③ 인수예약은 반드시 접수대장에 기재하여 누락되는 일이 없도록 한다.
④ 화물의 안전수송과 타화물의 보호를 위하여 포장상태 및 화물의 상태를 확인한 후 접수여부를 결정한다.

> **해설** 전화로 예약 접수 시 반드시 집하 가능한 일자와 고객의 배송요구일자를 확인한 후 배송 가능한 경우에 고객과 약속한다.

> **정답** ①

03 다음 화물의 인계요령으로 바르지 않은 것은?

① 각 영업소로 분류된 물품은 수하인에게 물품의 도착 사실을 알릴 필요는 없다.
② 인수된 물품 중 부패성 물품과 긴급을 요하는 물품에 대해서는 우선적으로 배송을 한다.
③ 인수된 물품 중 부패성 물품과 긴급을 요하는 물품은 손해배상 요구가 발생하지 않도록 한다.
④ 물품포장에 경미한 이상이 있는 경우에는 고객에게 사과한다.

> **해설** 각 영업소로 분류된 물품은 수하인에게 물품의 도착 사실을 알리고 배송 가능한 시간을 약속한다.

> **정답** ①

04 다음 화물의 인계요령으로 바르지 않은 것은?

① 배송 중 사소한 문제로 수하인과 마찰이 발생할 경우 소비자의 입장에서 생각한다.
② 배송 중 사소한 문제로 수하인과 마찰이 발생할 경우 조심스러운 언어로 마찰을 최소화할 수 있도록 한다.
③ 물품포장에 경미한 이상이 있는 경우에는 고객의 탓으로 돌려 손해배상하지 않도록 한다.
④ 물품포장에 경미한 이상이 있는 경우에는 대화로 해결할 수 있도록 한다.

> **해설** 물품포장에 경미한 이상이 있는 경우에는 고객에게 사과하고 대화로 해결할 수 있도록 하며, 절대로 남의 탓으로 돌려 고객들의 불만을 가중시키지 않도록 한다.

> **정답** ③

05 다음 화물의 인계요령으로 바르지 않은 것은?

① 물품을 고객에게 인계할 때 물품의 이상 유무를 확인시키고 인수증 서명은 생략한다.

② 배송할 때 고객 불만 원인 중 가장 큰 부분은 배송 직원의 대응 미숙에서 발생하는 경우가 많다.

③ 배송할 때 부드러운 말씨와 친절한 서비스정신으로 고객과의 마찰을 예방한다.

④ 배송지연은 고객과의 약속 불이행 고객불만 사항으로 발전되는 경향이 있다.

> **해설** 물품을 고객에게 인계할 때 물품의 이상 유무를 확인시키고 인수증에 정자로 인수자 서명을 받아 향후 발생할 수 있는 손해배상을 예방하도록 한다.

정답 ①

06 다음 화물의 인계요령으로 바르지 않은 것은?

① 방문시간에 수하인이 부재중일 경우에는 부재중 방문표를 활용하여 방문근거를 남긴다.

② 방문시간에 수하인이 부재중일 경우 수하인이 돌아왔을 때 쉽게 찾을 수 있도록 눈의 띄는 곳에 놓아둔다.

③ 대리인에게 인계할 때에는 사후조치로 실제 수하인과 연락을 취하여 확인한다.

④ 수하인과 연락이 되지 않아 물품을 다른 곳에 맡길 경우 연락처를 남겨 물품인수를 확인하도록 한다.

> **해설** 방문시간에 수하인이 부재중일 경우에는 부재중 방문표를 활용하여 방문근거를 남기되 우편함에 넣거나 문틈으로 밀어 넣어 타인이 볼 수 없도록 조치한다.

정답 ②

07 화물의 지연배달사고에 대한 대책으로 옳지 않은 것은?

① 부재중 방문표의 사용으로 방문사실을 고객에게 알려 고객과의 분쟁을 예방한다.

② 사후에 배송연락 후 배송 계획 수립으로 효율적 배송을 시행한다.

③ 터미널 잔류화물 운송을 위한 가용차량 사용 조치를 취한다.

④ 미배송되는 화물 명단 작성과 조치사항을 확인한다.

> **해설** 사전에 배송연락 후 배송 계획 수립으로 효율적 배송을 시행한다.

정답 ②

08 다음 인수증 관리요령으로 옳지 않은 것은?

① 인수증은 인수자가 자필로 바르게 적도록 한다.

② 인수 근거가 없는 경우 즉시 확인하여 인수인계 근거를 명확히 관리하여야 한다.

③ 인수증 상에 인수자 서명을 운전자가 임의 기재한 경우는 무효로 간주된다.

④ 물품 인도일 기준으로 5년 이내 인수근거 요청이 있을 때 입증 자료를 제시할 수 있어야 한다.

> **해설** 물품 인도일 기준으로 1년 이내 인수근거 요청이 있을 때 입증 자료를 제시할 수 있어야 한다.

정답 ④

09 다음 고객 유의사항 사용범위로 적절하지 않은 것은?

① 수리를 목적으로 운송을 의뢰하는 모든 물품
② 포장이 불량하여 운송에 부적합하다고 판단되는 물품
③ 반품을 목적으로 운송을 의뢰하는 모든 물품
④ 통상적으로 물품의 안전을 보장하기 어렵다고 판단되는 물품

> **해설** 반품을 목적으로 운송을 의뢰하는 모든 물품은 고객 유의사항 사용범위에 해당하지 않는다.

정답 ③

10 다음 고객 유의사항 확인 요구 물품이 아닌 것은?

① 중고 가전제품 및 A/S용 물품
② 기계류, 장비 등 중량 고가물로 5kg 초과 물품
③ 포장 부실물품 및 무포장 물품
④ 파손 우려 물품 및 내용검사가 부적당하다고 판단되는 부적합 물품

> **해설** 고객 유의사항 확인 요구 물품
> 1. 중고 가전제품 및 A/S용 물품
> 2. 기계류, 장비 등 중량 고가물로 40kg 초과 물품
> 3. 포장 부실물품 및 무포장 물품(비닐포장 또는 쇼핑백 등)
> 4. 파손 우려 물품 및 내용검사가 부적당하다고 판단되는 부적합 물품

정답 ②

11 다음 파손사고의 대책으로 볼 수 없는 것은?

① 집하할 때 고객에게 내용물에 관한 정보를 충분히 듣고 포장상태 확인
② 충격에 약한 화물은 보강포장 및 특기사항 표기
③ 사고위험이 있는 물품은 안전박스에 적재하거나 별도 적재 관리
④ 가까운 거리이거나 가벼운 화물이면 던지거나 굴려서 적재

> **해설** 가까운 거리 또는 가벼운 화물이라도 절대 함부로 취급하지 않아야 한다.

정답 ④

12 화물의 파손 또는 오손사고를 방지하기 위한 대책으로 가장 옳지 않은 것은?

① 집하할 때에는 내용물에 관한 정보를 충분히 듣고 포장상태를 확인한다.
② 충격에 약한 화물은 보강포장 및 특기사항을 표기해 둔다.
③ 중량물은 상단, 경량물은 하단에 적재한다.
④ 사고위험품은 안전박스에 적재하거나 별도 관리한다.

> **해설** 중량물은 하단, 경량물은 상단에 적재한다.

정답 ③

13 다음 화물 분실사고의 대책으로 바르지 않은 것은?

① 집하할 때 화물수량 및 운송장 부착여부 확인 등 분실원인 제거

② 차량에서 벗어날 때 시건장치 확인 철저

③ 인계할 때 인수자 확인은 반드시 인수자가 직접 서명하도록 할 것

④ 터미널 잔류화물 운송을 위한 가용차량 사용 조치

해설 터미널 잔류화물 운송을 위한 가용차량 사용 조치는 화물 지연배달사고의 대책에 해당한다.

정답 ④

14 다음 오배달 사고로 옳지 않은 것은?

① 수령인이 없을 때 임의장소에 두고 간 후 미확인한 경우는 오배달 사고의 원인이다.

② 수령인의 신분 확인 없이 화물을 인계한 경우는 오배달 사고의 원인이다.

③ 오배달 사고의 대책으로는 수령인 본인여부 확인작업 필히 실시하는 것이다.

④ 사전에 배송연락 후 배송 계획 수립으로 효율적 배송을 시행한다.

해설 사전에 배송연락 후 배송 계획 수립으로 효율적 배송을 시행하는 것은 지연배달사고의 대책이다.

정답 ④

15 다음 화물의 지연배달사고의 대책이 아닌 것은?

① 사전에 배송연락 후 배송 계획 수립으로 효율적 배송 시행

② 미배송되는 화물 명단 작성과 조치사항 확인으로 최대한의 사고예방조치

③ 집하할 때 화물수량 및 운송장 부착여부 확인 등 분실원인 제거

④ 부재중 방문표의 사용으로 방문사실을 고객에게 알려 고객과의 분쟁 예방

해설 집하할 때 화물수량 및 운송장 부착여부 확인 등 분실원인 제거는 분실사고의 대책이다.

정답 ③

16 사고화물의 배달 요령으로 바르지 않은 것은?

① 화주의 심정은 상당히 격한 상태임을 생각하고 같은 기분으로 대한다.

② 사고의 책임여하를 떠나 대면할 때 정중히 인사를 한 뒤, 사고경위를 설명한다.

③ 화주와 화물상태를 상호 확인하고 상태를 기록한 뒤, 사고관련 자료를 요청한다.

④ 대략적인 사고처리과정을 알리고 해당 지점 또는 사무소 연락처와 사후 조치사항에 대해 안내를 하고, 사과를 한다.

해설 화주의 심정은 상당히 격한 상태임을 생각하고 사고의 책임여하를 떠나 대면할 때 정중히 인사를 한 뒤, 사고경위를 설명한다.

정답 ①

화물자동차의 종류 [적중문제]

QUALIFICATION TEST FOR CARGO WORKERS

01 특정한 용도를 위하여 특수한 구조로 하거나, 기구를 장치한 것으로서 어느 형에도 속하지 아니하는 화물 운송용인 자동차는?

① 밴형　　　　　② 덤프형
③ 일반형　　　　④ 특수용도형

> **해설** **특수용도형** : 특정한 용도를 위하여 특수한 구조로 하거나, 기구를 장치한 것으로서 일반형, 덤프형, 밴형 어느 형에도 속하지 아니하는 화물운송용인 것

> **정답** ④

02 고장·사고 등으로 운행이 곤란한 자동차를 구난·견인할 수 있는 구조인 자동차는?

① 특수작업형　　② 밴형
③ 견인형　　　　④ 구난형

> **해설** **구난형** : 고장·사고 등으로 운행이 곤란한 자동차를 구난·견인할 수 있는 구조인 것

> **정답** ④

03 한국산업표준(KS)에 따른 화물자동차의 종류 중 '화물실의 지붕이 없고 옆판이 운전대와 일체로 되어 있는 소형트럭'을 지칭하는 것은?

① 픽업
② 밴
③ 보닛 트럭
④ 캡 오버 엔진 트럭

> **해설** **픽업** : 화물실의 지붕이 없고 옆판이 운전대와 일체로 되어 있는 화물자동차

> **정답** ①

04 다음 특수자동차에 해당하지 않는 것은?

① 차량 운반차
② 대형 승합차
③ 컨테이너 운반차
④ 모터 캐러반

> **해설** **특수자동차** : 차량 운반차, 쓰레기 운반차, 모터 캐러반, 탈착 보디 부착 트럭, 컨테이너 운반차 등

> **정답** ②

05 다음 특수장비차에 해당하지 않는 것은?

① 트럭 크레인
② 믹서 자동차
③ 냉장차
④ 크레인붙이트럭

> **해설** **특수장비차(특장차)** : 탱크차, 덤프차, 믹서 자동차, 위생 자동차, 소방차, 레커차, 냉동차, 트럭 크레인, 크레인붙이트럭 등

> **정답** ③

06 크레인 등을 갖추고, 고장차의 앞 또는 뒤를 매달아 올려서 수송하는 특수 장비 자동차는?

① 크레인붙이트럭
② 트레일러 견인 자동차
③ 크레인붙이트럭
④ 레커차

> **해설** **레커차** : 크레인 등을 갖추고, 고장차의 앞 또는 뒤를 매달아 올려서 수송하는 특수 장비 자동차

> **정답** ④

part
02

07 다음 트랙터와 트레일러가 완전히 분리되어 있고 트랙터 자체도 적재함을 가지고 있는 트레일러는?

① 돌리(Dolly)

② 세미 트레일러

③ 폴 트레일러

④ 풀 트레일러

> **해설** 풀 트레일러란 트랙터와 트레일러가 완전히 분리되어 있고 트랙터 자체도 적재함을 가지고 있다.

> **정답** ④

08 트레일러에 대한 설명으로 틀린 것은?

① 트레일러는 물품수송을 목적으로 하는 견인차를 말한다.

② 트레일러에는 풀 트레일러, 세미 트레일러, 폴 트레일러로 구분한다.

③ 돌리와 조합된 세미 트레일러는 풀 트레일러에 해당한다.

④ 세미 트레일러는 트랙터에 연결하여, 총 하중의 일부분이 견인하는 자동차에 의해서 지탱되도록 설계된 트레일러이다.

> **해설** 트레일러는 동력을 갖추지 않고 모터 바이클에 의하여 견인되고 사람 및 물품을 수송하는 목적을 위하여 설계되고 도로상을 주행하는 차량이다.

> **정답** ①

09 다음 가동중인 트레일러 중에서는 가장 많고 일반적인 트레일러는?

① 풀 트레일러

② 돌리(Dolly)

③ 폴 트레일러

④ 세미 트레일러

> **해설** 세미 트레일러 : 총 하중의 일부분이 견인하는 자동차에 의해서 지탱되도록 설계된 트레일러로 가동중인 트레일러 중에서는 가장 많고 일반적인 트레일러다.

> **정답** ④

10 폴 트레일러에 관한 내용으로 옳지 않은 것은?

① 축 거리는 적하물의 길이에 따라 조정할 수 없다.

② 파이프나 H형강 등 장척물의 수송을 목적으로 한 트레일러다.

③ 트랙터에 턴테이블을 비치하고, 폴 트레일러를 연결해서 적재함과 턴테이블이 적재물을 고정시키는 것이다.

④ 기둥, 통나무 등 장척의 적하물 자체가 트랙터와 트레일러의 연결부분을 구성하는 구조의 트레일러이다.

> **해설** 트랙터에 턴테이블을 비치하고, 폴 트레일러를 연결해서 적재함과 턴테이블이 적재물을 고정시키는 것으로, 축 거리는 적하물의 길이에 따라 조정할 수 있다.

> **정답** ①

11 다음 트레일러의 장점이 아닌 것은?

① 중계지점에서의 탄력적인 이용

② 상품의 보호기능

③ 트랙터와 운전자의 효율적 운영

④ 트랙터의 효율적 이용

> **해설** 트레일러의 장점 : 트랙터의 효율적 이용, 효과적인 적재량, 탄력적인 작업, 트랙터와 운전자의 효율적 운영, 일시 보관기능의 실현, 중계지점에서의 탄력적인 이용

> **정답** ②

12 다음 적재할 때 전고가 낮은 하대를 가진 트레일러로서 불도저나 기중기 등 건설장비의 운반에 적합한 것은?

① 특수용도 트레일러

② 오픈 탑 트레일러(open top trailer)

③ 저상식(low bed trailer)

④ 밴 트레일러(van trailer)

> **해설** 저상식 : 적재할 때 전고가 낮은 하대를 가진 트레일러로서 불도저나 기중기 등 건설장비의 운반에 적합하다.

> **정답** ③

13 다음 풀 트레일러의 이점으로 볼 수 없는 것은?

① 트랙터 한 대에 트레일러 한 대를 달 수 있다.

② 보통 트럭에 비하여 적재량을 늘릴 수 있다.

③ 트랙터와 트레일러에 각기 다른 발송지별 또는 품목별 화물을 수송할 수 있게 되어 있다.

④ 트랙터와 운전자의 효율적 운용을 도모할 수 있다.

> **해설** 풀 트레일러는 트랙터 한 대에 트레일러 두 세대를 달 수 있어 트랙터와 운전자의 효율적 운용을 도모할 수 있다.

정답 ①

14 다음 전용 특장차에 관한 설명으로 바르지 않은 것은?

① 차량의 적재함을 특수한 화물에 적합하도록 구조를 갖춘 것이다.

② 특수한 작업이 가능하도록 기계장치를 부착한 차량을 말한다.

③ 덤프트럭, 믹서차, 분립체 수송차, 액체 수송차 또는 냉동차 등이 있다.

④ 벌크차량은 특장차 중에 대표적인 차종이다.

> **해설** 덤프 차량은 특장차 중에 대표적인 차종이다.

정답 ④

15 적재함 위에 회전하는 드럼을 싣고 이 속에 생 콘크리트를 뒤섞으면서 토목건설 현장 등으로 운행하는 차량은?

① 벌크차량　　　② 가축 운반차

③ 믹서차　　　　④ 액체 수송차

> **해설** 믹서차 : 적재함 위에 회전하는 드럼을 싣고 이 속에 생 콘크리트를 뒤섞으면서 토목건설 현장 등으로 운행하는 차량이다.

정답 ③

제8장 화물운송의 책임한계 [적중문제]

CBT 대비 필기문제

QUALIFICATION TEST FOR CARGO WORKERS

01 고객이 약정된 이사화물의 인수일 1일전까지 해제를 통지한 경우 손해배상액은?

① 계약금의 10배액
② 계약금의 4배액
③ 계약금의 배액
④ 계약금

> **해설** 고객이 약정된 이사화물의 인수일 1일전까지 해제를 통지한 경우 : 계약금

정답 ④

02 다음 사업자의 책임 있는 사유로 계약을 해제한 경우 손해배상액으로 바르지 않은 것은?

① 사업자가 약정된 이사화물의 인수일 2일전까지 해제를 통지한 경우 : 계약금의 4배액
② 사업자가 약정된 이사화물의 인수일 1일전까지 해제를 통지한 경우 : 계약금의 4배액
③ 사업자가 약정된 이사화물의 인수일 당일에 해제를 통지한 경우 : 계약금의 6배액
④ 사업자가 약정된 이사화물의 인수일 당일에도 해제를 통지하지 않은 경우 : 계약금의 10배액

> **해설** 사업자가 약정된 이사화물의 인수일 2일전까지 해제를 통지한 경우 : 계약금의 배액

정답 ①

03 고객의 귀책사유로 이사화물의 인수가 약정된 일시로부터 2시간 이상 지체된 경우 사업자가 청구할 수 있는 손해배상액은?

① 계약금의 배액
② 계약금의 4배액
③ 계약금의 6배액
④ 계약금의 10배액

> **해설** 고객의 귀책사유로 이사화물의 인수가 약정된 일시로부터 2시간 이상 지체된 경우 : 사업자는 계약을 해제하고 계약금의 배액을 손해배상으로 청구할 수 있다.

정답 ①

04 이사화물의 일부 멸실 또는 훼손에 대한 사업자의 손해배상책임은 고객이 이사화물을 인도받은 날로부터 며칠 이내에 그 일부 멸실 또는 훼손의 사실을 사업자에게 통지하지 아니하면 소멸하는가?

① 10일 이내
② 20일 이내
③ 30일 이내
④ 90일 이내

> **해설** 이사화물의 일부 멸실 또는 훼손에 대한 사업자의 손해배상책임은, 고객이 이사화물을 인도받은 날로부터 30일 이내에 그 일부 멸실 또는 훼손의 사실을 사업자에게 통지하지 아니하면 소멸한다.

정답 ③

05 이사화물의 멸실, 훼손 또는 연착에 대한 사업자의 손해배상책임은, 고객이 이사화물을 인도받은 날로부터 몇 년이 경과하면 소멸하는가?

① 10년   ② 5년

③ 3년   ④ 1년

> **해설** 이사화물의 멸실, 훼손 또는 연착에 대한 사업자의 손해배상책임은 고객이 이사화물을 인도받은 날로부터 1년이 경과하면 소멸한다.

정답 ④

06 운송물의 수탁을 거절할 수 있는 경우가 아닌 것은?

① 운송이 천재지변, 기타 불가항력적인 사유로 불가능한 경우

② 운송이 법령, 사회질서, 기타 선량한 풍속에 반하는 경우

③ 운송이 법령, 사회질서, 기타 선량한 풍속에 반하는 경우

④ 운송물의 인도예정일(시)에 따른 운송이 가능한 경우

> **해설** 운송물의 인도예정일(시)에 따른 운송이 가능한 경우는 수탁을 거절할 수 없다.

정답 ④

07 운송물의 수탁을 거절할 수 있는 경우로 볼 수 없는 것은?

① 운송물이 재생불가능한 계약서, 원고, 서류 등인 경우

② 운송물이 현금, 카드, 어음, 수표, 유가증권 등 현금화가 가능한 물건인 경우

③ 운송이 차량부족 등의 사유로 불가능한 경우

④ 운송이 법령, 사회질서, 기타 선량한 풍속에 반하는 경우

> **해설** 운송이 차량부족 등의 사유로 불가능한 경우 수탁을 거절할 수 없다.

정답 ③

08 다음 운송물의 인도일로 바르지 않은 것은?

① 운송장에 인도예정일의 기재가 있는 경우에는 그 기재된 날

② 운송장에 인도예정일의 기재가 없는 경우에는 운송장에 기재된 운송물의 수탁일로부터 인도예정 장소에 해당하는 날의 다음 날

③ 일반 지역 2일

④ 도서, 산간벽지 3일

> **해설** 운송장에 인도예정일의 기재가 없는 경우에는 운송장에 기재된 운송물의 수탁일로부터 인도예정 장소에 따라 다음 일수에 해당하는 날
> • 일반지역: 2일
> • 도서, 산간벽지: 3일

정답 ②

09 다음 수하인 부재시의 조치로 적절하지 않은 것은?

① 수하인의 부재로 인하여 운송물을 인도할 수 없는 경우에는 집 앞에 두고 통지한다.
② 사업자는 운송물의 인도시 수하인으로부터 인도확인을 받아야 한다.
③ 수하인의 대리인에게 운송물을 인도하였을 경우에는 수하인에게 그 사실을 통지한다.
④ 부재중 방문표는 잘 보이는 곳에 게시하여야 한다.

> **해설** 수하인의 부재로 인하여 운송물을 인도할 수 없는 경우에는 수하인에게 운송물을 인도하고자 한 일시, 사업자의 명칭, 문의할 전화번호, 기타 운송물의 인도에 필요한 사항을 기재한 서면(부재중 방문표)으로 통지한 후 사업소에 운송물을 보관한다.

정답 ①

10 고객이 운송장에 운송물의 가액을 기재하지 않은 경우에는 사업자의 손해배상한도액은?

① 10만원
② 30만원
③ 50만원
④ 100만원

> **해설** 고객이 운송장에 운송물의 가액을 기재하지 않은 경우 손해배상한도액은 50만원으로 하되, 운송물이 가액에 따라 할증요금을 지급하는 경우의 손해배상한도액은 각 운송가액 구간별 운송물의 최고가액으로 한다.

정답 ③

11 운송물의 일부 멸실 또는 훼손에 대한 사업자의 손해배상책임은 수하인이 운송물을 수령한 날로부터 며칠 이내에 그 일부 멸실 또는 훼손의 사실을 사업자에게 통지하지 아니하면 소멸하는가?

① 1일 이내
② 5일 이내
③ 10일 이내
④ 14일 이내

> **해설** 운송물의 일부 멸실 또는 훼손에 대한 사업자의 손해배상책임은 수하인이 운송물을 수령한 날로부터 14일 이내에 그 일부 멸실 또는 훼손의 사실을 사업자에게 통지하지 아니하면 소멸한다.

정답 ④

12 사업자 또는 그 사용인이 운송물의 일부 멸실 또는 훼손의 사실을 알면서 이를 숨기고 운송물을 인도한 경우 사업자의 손해배상책임은 수하인이 운송물을 수령한 날로부터 몇 년간 존속하는가?

① 3년간
② 5년간
③ 10년간
④ 20년간

> **해설** 사업자 또는 그 사용인이 운송물의 일부 멸실 또는 훼손의 사실을 알면서 이를 숨기고 운송물을 인도한 경우 사업자의 손해배상책임은 수하인이 운송물을 수령한 날로부터 5년간 존속한다.

정답 ②

Qualification Test for Cargo Workers

PART 3

안전운행요령

Qualification Test for Cargo Workers

제 **1** 장

교통사고의 요인 [적중문제]

QUALIFICATION TEST FOR CARGO WORKERS

01 다음 교통사고의 3대 요인으로 바르지 않은 것은?

① 자연적 요인　　② 차량요인
③ 도로·환경요인　④ 인적요인

> **해설** 교통사고의 3대 요인 : 인적요인(운전자, 보행자 등), 차량요인, 도로·환경요인

정답 ①

03 다음 도로 교통체계를 구성하는 요인 중 교통환경요인이 아닌 것은?

① 차량 구조장치　② 차량 교통량
③ 보행자 통행량　④ 운행차종 구성비

> **해설** 교통환경요인에는 차량 교통량, 운행차종 구성, 보행자 통행량 등이 있다. 차량 구조장치는 차량요인에 해당한다.

정답 ①

02 다음 교통사고의 인적요인에 해당하지 않은 것은?

① 운전습관
② 노면표시
③ 위험의 인지와 회피에 대한 판단
④ 내적태도

> **해설** 노면표시는 도로요인에 해당한다.

정답 ②

04 다음 신호기, 노면표시, 방호책은 교통사고의 요인 중 어디에 해당하는가?

① 환경요인　　② 차량요인
③ 도로요인　　④ 인적요인

> **해설** 도로요인은 도로구조, 안전시설 등에 관한 것으로 신호기, 노면표시, 방호책 등 도로의 안전시설에 관한 것을 포함하는 개념이다.

정답 ③

제 **2** 장

운전자 요인과 안전운행 [적중문제]

CBT 대비
필기문제

QUALIFICATION TEST FOR CARGO WORKERS

01 교통사고의 요인 중 변화시키거나 수정이 상대적으로 매우 어려운 요인은?

① 차량요인   ② 환경요인
③ 인적요인   ④ 도로요인

> **해설** 인적요인은 차량요인, 도로환경요인 등 다른 요인에 비하여 변화시키거나 수정이 상대적으로 매우 어렵다.

정답 ③

02 다음 운전자의 정보처리과정으로 옳은 것은?

① 구심성 신경 → 뇌 → 의사 결정 → 원심성 신경 → 운전조작행위
② 원심성 신경 → 구심싱 신경 → 뇌 → 의사 결정 → 운전조작행위
③ 원심성 신경 → 구심성 신경 → 뇌 → 운전조작행위 → 의사 결정
④ 뇌 → 구심성 신경 → 운전조작행위 → 원심성 신경 → 의사 결정

> **해설** 운전자의 정보처리과정 : 구심성 신경 → 뇌 → 의사 결정 → 원심성 신경 → 운전조작행위

정답 ①

03 운전과 관련되는 시각의 특성으로 바르지 않은 것은?

① 운전자는 운전에 필요한 정보의 대부분을 시각을 통하여 획득한다.
② 속도가 빨라질수록 시력은 좋아진다.
③ 속도가 빨라질수록 시야의 범위가 좁아진다.
④ 속도가 빨라질수록 전방주시점은 멀어진다.

> **해설** 속도가 빨라질수록 시력은 떨어진다.

정답 ②

04 다음 정지시력에 관한 설명으로 바르지 않은 것은?

① 정상시력은 1.5로 나타낸다.
② 정지시력은 5m 거리에서 흰 바탕에 검정으로 그린 란돌트 고리시표의 끊어진 틈을 식별할 수 있는 시력을 말한다.
③ 10m 거리에서 15mm 크기의 글자를 읽을 수 있어도 정상시력은 1.0이 된다.
④ 아주 밝은 상태에서 1/3인치 크기의 글자를 20피트 거리에서 읽을 수 있는 사람의 시력을 말한다.

> **해설** 정지시력이란 5m 거리에서 흰 바탕에 검정으로 그린 란돌트 고리시표의 끊어진 틈을 식별할 수 있는 시력을 말하며, 이 경우의 정상시력은 1.0으로 나타낸다.

정답 ①

05 다음 도로교통법령에 정한 시력으로 옳지 않은 것은?

① 제1종 운전면허에 필요한 시력은 두 눈을 동시에 뜨고 잰 시력이다.

② 우리나라 도로교통법령에 정한 시력은 교정시력을 포함하지 않는다.

③ 제2종 운전면허에 필요한 시력은 두 눈을 동시에 뜨고 잰 시력이 0.5이상이어야 한다.

④ 붉은색, 녹색 및 노란색을 구별할 수 있어야 한다.

해설 우리나라 도로교통법령에 정한 시력은 교정시력을 포함한다.

정답 ②

06 움직이는 물체(자동차, 사람 등) 또는 운전하면서 다른 자동차나 사람 등의 물체를 보는 시력은?

① 동체시력   ② 심시력

③ 정지시력   ④ 야간시력

해설 동체시력 : 움직이는 물체(자동차, 사람 등) 또는 움직이면서(운전하면서) 다른 자동차나 사람 등의 물체를 보는 시력을 말한다.

정답 ①

07 동체시력의 특성에 대한 설명으로 옳지 않은 것은?

① 물체의 이동속도가 빠를수록 상대적으로 저하된다.

② 연령이 높을수록 더욱 저하된다.

③ 운전시간은 동체시력에 영향을 미치지 않는다.

④ 동체시력은 장시간 운전에 의한 피로상태에서도 저하된다.

해설 동체시력은 운전시간이 길어지면 저하된다.

정답 ③

08 다음 야간에 무엇을 인지하기 쉬운 옷 색깔은?

① 검은색   ② 청색

③ 흰색   ④ 노란색

해설 야간에 인지하기 쉬운 옷 색깔은 흰색, 엷은 황색의 순이며 흑색이 가장 어렵다.

정답 ③

09 다음 야간운전 주의사항으로 옳지 않은 것은?

① 운전자가 눈으로 확인할 수 있는 시야의 범위가 좁아진다.
② 마주 오는 차의 전조등 불빛에 현혹되는 경우 물체식별이 쉬워진다.
③ 전조등 불빛으로 눈이 부실 때에는 시선을 약간 오른쪽으로 돌려 눈부심을 방지하도록 한다.
④ 보행자와 자동차의 통행이 빈번한 도로에서는 항상 전조등의 방향을 하향으로 하여야 한다.

> **해설** 마주 오는 차의 전조등 불빛에 현혹되는 경우 물체식별이 어려워진다.

정답 ②

10 다음 명순응에 관한 설명으로 옳지 않은 것은?

① 일광 또는 조명이 어두운 조건에서 밝은 조건으로 변할 때 사람의 눈이 그 상황에 적응하여 시력을 회복하는 것을 말한다.
② 암순응보다 시력회복이 빠르다.
③ 일시적으로 주변의 눈부심으로 인해 물체가 잘 보이는 것을 말한다.
④ 어두운 터널을 벗어나 밝은 도로로 주행할 때 운전자가 일시적으로 보이지 않는 시각장애이다.

> **해설** 명순응은 운전자가 일시적으로 주변의 눈부심으로 인해 물체가 보이지 않는 시각장애를 말한다.

정답 ③

11 다음 정상적인 시력을 가진 사람의 시야범위로 옳은 것은?

① 50°~80° ② 80°~100°
③ 100°~180° ④ 180°~200°

> **해설** 정상적인 시력을 가진 사람의 시야범위는 180°~200°이다.

정답 ④

12 다음 시야에 관한 내용으로 바르지 않은 것은?

① 시축에서 벗어나는 시각(視角)에 따라 시력이 저하된다.
② 시야의 범위는 자동차 속도에 비례하여 넓어진다.
③ 시축(視軸)에서 시각 약 3° 벗어나면 약 80%이다.
④ 어느 특정한 곳에 주의가 집중되었을 경우의 시야범위는 집중의 정도에 비례하여 좁아진다.

> **해설** 시야의 범위는 자동차 속도에 반비례하여 좁아진다.

정답 ②

part
03

안전운행요인

13 다음 교통사고의 주요한 3대 요인으로 옳지 않는 것은?

① 표층적 요인
② 중간적 요인
③ 직접적 요인
④ 간접적 요인

> **해설** 교통사고의 3대 요인 : 직접적 요인, 중간적 요인, 간접적 요인

정답 ①

14 다음 교통사고 발생의 직접적 요인으로 볼 수 없는 것은?

① 운전조작의 잘못
② 무리한 운행계획
③ 운전조작의 잘못
④ 잘못된 위기대처

> **해설** 교통사고 발생의 직접적 요인 : 사고 직전 과속과 같은 법규위반, 위험인지의 지연, 운전조작의 잘못, 잘못된 위기대처 등이고 무리한 운행계획은 간접적 요인에 해당한다.

정답 ②

15 다음 교통사고의 직접적 요인으로 옳지 않은 것은?

① 잘못된 위기대처
② 운전조작의 잘못
③ 무리한 운행계획
④ 사고 직전 과속과 같은 법규위반

> **해설** 직접적 요인 : 사고 직전 과속과 같은 법규위반, 위험인지의 지연, 운전조작의 잘못, 잘못된 위기대처 등

정답 ③

16 다음 교통사고 운전자의 특성으로 볼 수 없는 것은?

① 도로교통의 인지부족
② 바람직한 동기와 사회적 태도 결여
③ 불안정한 생활환경
④ 후천적 능력 부족

> **해설** 교통사고를 유발한 운전자의 특성 : 선천적 능력 부족, 후천적 능력 부족, 바람직한 동기와 사회적 태도 결여, 불안정한 생활환경 등

정답 ①

17 다음의 내용에 해당하는 착각은?

> 비교 대상이 먼 곳에 있을 때는 느리게 느껴진다.

① 크기의 착각　　② 상반의 착각

③ 원근의 착각　　④ 속도의 착각

해설 속도의 착각 : 주시점이 가까운 좁은 시야에서는 빠르게 느껴진다. 비교 대상이 먼 곳에 있을 때는 느리게 느껴진다.

정답 ④

18 다음 운전자의 상반의 착각의 내용이 아닌 것은?

① 주행 중 급정거 시 반대방향으로 움직이는 것처럼 보인다.
② 큰 물건들 가운데 있는 작은 물건은 작은 물건들 가운데 있는 같은 물건보다 작아 보인다.
③ 한쪽 빙향의 곡선을 보고 반대 방향이 곡선을 봤을 경우 실제보다 더 구부러져 있는 것처럼 보인다.
④ 상대 가속도감(반대방향), 상대 감속도감(동일방향)을 느낀다.

해설 상대 가속도감(반대방향), 상대 감속도감(동일방향)을 느끼는 것은 속도의 착각이다.

정답 ④

19 다음 운전과 피로의 순환관계를 바르게 연결한 것은?

① 인지 → 판단 → 조작 → 신체적 피로 → 정신적 피로
② 인지 → 조작 → 판단 → 신체적 피로 → 정신적 피로
③ 판단 → 인지 → 조작 → 신체적 피로 → 정신적 피로
④ 조작 → 인지 → 판단 → 신체적 피로 → 정신적 피로

해설 운전과 피로의 순환관계 : 인지 → 판단 → 조작 → 신체적 피로 → 정신적 피로

정답 ①

20 다음 운전피로의 요인으로 바르지 않은 것은?

① 수면·생활환경 등 생활요인
② 대인관계 등 사회요인
③ 차내환경, 차외환경, 운행조건 등 운전작업 중의 요인
④ 신체조건, 경험조건, 연령조건, 성별조건, 성격, 질병 등의 운전자 요인

해설 운전피로의 요인 : 생활요인, 운전작업 중의 요인, 운전자 요인

정답 ②

part **03**

안전운행요령

21 다음 피로와 교통사고에 관한 설명으로 옳지 않은 것은?

① 정신적, 심리적 피로는 신체적 부담에 의한 일반적 피로보다 회복시간이 짧다.

② 운전피로는 교통사고의 직접 또는 간접원인이 된다.

③ 운전자의 피로가 지나치면 정상적인 운전이 곤란해진다.

④ 수면을 취하지 못하면 교통사고를 유발할 가능성이 높다.

> **해설** 정신적, 심리적 피로는 신체적 부담에 의한 일반적 피로보다 회복시간이 길다.

정답 ①

22 다음 피로와 운전착오에 관한 내용 중 틀린 것은?

① 운전업무 개시 후·종료 시에 많아진다.

② 운전착오는 정오에서 오후 사이에 많이 발생한다.

③ 피로가 쌓이면 졸음상태가 되어 차외, 차내의 정보를 효과적으로 입수하지 못한다.

④ 운전시간 경과와 더불어 운전피로가 증가한다.

> **해설** 운전착오는 심야에서 새벽 사이에 많이 발생한다. 각성수준의 저하, 졸음과 관련된다.

정답 ②

23 다음 보행 중에 교통사고 사망자의 구성비가 가장 높은 국가로 옳은 것는?

① 일본　　　　　② 대한민국

③ 미국　　　　　④ 프랑스

> **해설** 우리나라 보행 중 교통사고 사망자 구성비는 OECD 평균(18.8%)보다 높은 38.9%이며, 미국(14.5%), 프랑스(14.2%), 일본(36.2%) 등에 비해 높은 것으로 나타나고 있다.

정답 ②

24 다음 보행사고가 많은 연령층으로 옳은 것은?

① 장년　　　　　② 청소년

③ 어린이　　　　④ 노약자

> **해설** 보행사고가 많은 연령층은 어린이, 노약자 순으로 높은 비중을 차지한다.

정답 ③

25 다음 보행자 사고의 요인으로 옳지 않은 것은?

① 술에 많이 취해 있었다.

② 등교 또는 출근시간 때문에 급하게 서둘러 걷고 있었다.

③ 동행자와 이야기에 열중했거나 놀이에 열중했다.

④ 횡단 중 양쪽 방향으로 주의를 기울였다.

> **해설** 횡단 중 한쪽 방향에만 주의를 기울일 경우 사고가 발생하기 쉽다.

정답 ④

26 횡단보도를 두고도 비횡단보도를 횡단하는 보행자 상태로 바르지 않은 것은?

① 횡단보도로 건너면 거리가 멀고 시간이 더 걸리기 때문에

② 평소 교통질서를 잘 지키는 습관을 그대로 답습

③ 갈 길이 바빠서

④ 술에 취해서

> **해설** 평소 교통질서를 잘 지키지 않는 습관을 그대로 답습하여 횡단보도 아닌 곳으로 보행한다.

정답 ②

27 다음 과도한 음주로 나타날 수 있는 것이 아닌 것은?

① 반사회적 행동　　② 약물 남용

③ 번아웃 증후군　　④ 강박신경증

> **해설** 과도한 음주는 반사회적 행동, 정신장애, 기타 약물 남용, 강박신경증 등을 유발할 가능성이 높고, 우울증과 자살도 음주와 밀접한 관련이 있는 것으로 나타나고 있다.

정답 ③

28 다음 음주운전 교통사고의 특징으로 바르지 않은 것은?

① 주차 중인 자동차와 충돌할 가능성이 높다.

② 차량단독사고의 가능성이 낮다.

③ 교통사고가 발생하면 치사율이 높다.

④ 정지물체 등에 충돌할 가능성이 높다.

> **해설** 음주운전은 차량단독사고의 가능성이 높다.

정답 ②

29 다음 고령 운전자의 의식에 관한 내용으로 옳지 않은 것은?

① 신중하지 않다.

② 과속을 하지 않는다.

③ 반사신경이 둔하다.

④ 돌발사태시 대응력이 미흡하다.

> **해설** 고령자의 운전은 젊은 층에 비하여 상대적으로 신중하다.

정답 ①

30 다음 고령자의 교통행동에 관한 설명으로 옳지 않은 것은?

① 사회생활을 통하여 풍부한 지식과 경험을 가지고 있다.

② 행동이 신중하여 모범적 교통 생활인으로서의 자질을 갖추고 있다.

③ 시력이나 청력 등의 감지기능이 좋아진다.

④ 신체적인 면에서 운동능력이 떨어진다.

> **해설** 고령자는 신체적인 면에서 운동능력이 떨어지고 시력·청력 등 감지기능이 약화되어 위급 시 회피능력이 둔화되는 연령층이다.

정답 ③

31 고령 운전자와 젊은층 운전자를 비교한 설명으로 바르지 않은 것은?

① 젊은층 운전자보다 신중하지만 보편적으로 과속을 훨씬 많이 한다.

② 젊은층 운전자에 비하여 재빠른 판단과 동작능력이 뒤떨어진다.

③ 젊은층 운전자에 비하여 돌발사태에 대한 대응력이 미흡하다.

④ 젊은층 운전자에 비하여 마주오는 차의 전조등 불빛에 대한 적응능력이 떨어진다.

> **해설** 고령 운전자는 젊은층 운전자보다 신중하고 모범적인 교통 생활인으로서 자질을 갖추고 있어 과속은 거의 하지 않는다.

정답 ①

32 고령자의 청각능력으로 옳지 않은 것은?

① 청각기능의 상실 또는 약화 현상

② 주파수 높이의 판별 저하

③ 원근 구별능력의 약화

④ 목소리 구별의 감수성 저하

> **해설** 원근 구별능력의 약화는 시각능력에 관한 내용이다.

정답 ③

33 고령보행자의 보행행동 특성으로 바르지 않은 것은?

① 소리 나는 방향을 주시하지 않는 경향이 있다.

② 정면에서 오는 차량 등을 회피할 수 있는 여력을 갖지 못한다.

③ 보행 시 상점이나 포스터를 보면서 걷는 경향이 있다.

④ 경음기를 울려도 반응을 보이지 않는 경향이 감소한다.

> **해설** 고령자는 경음기를 울려도 반응을 보이지 않는 경향이 증가한다.

> **정답** ④

34 다음 고령 보행자의 안전수칙으로 옳지 않은 것은?

① 안전한 횡단보도를 찾아 멈춘다.

② 야간 이동 시에는 눈에 띄는 파란 옷을 입는 것이 좋다.

③ 횡단보도 신호가 점멸중일 때는 늦게 진입하지 말고 다음 신호를 기다린다.

④ 횡단하는 동안에도 계속 수의를 기울인다.

> **해설** 야간 이동 시에는 눈에 띄는 밝은 색 옷을 입어야 한다.

> **정답** ②

35 다음 고령자의 시각능력 중 움직이는 물체를 정확히 식별하고 인지하는 능력이 약화되는 경우를 설명하는 것은 무엇인가?

① 시력자체의 저하 현상

② 동체시력의 약화 현상

③ 대비능력 저하

④ 색채 구별능력의 약화

> **해설** 동체시력의 약화 현상 : 움직이는 물체를 정확히 식별하고 인지하는 능력이 약화되는 것

> **정답** ②

36 고령인구 및 고령운전자 추이에 관한 내용으로 옳지 않은 것은?

① 65세 이상 노령 인구는 매년 증가하고 있다.

② 65세 이상 노령 인구의 증가로 고령사회로 진입하였다.

③ 고령자의 운전면허소지자수는 매년 감소하고 있다.

④ 고령지의 운전면허 수지자자수의 점유율은 증가하고 있다.

> **해설** 고령자의 운전면허소지자수는 매년 증가하고 있다.

> **정답** ③

37 청장년층의 경우 사망사고 발생건수가 가장 많이 발생하는 운전면허 경과년수는?

① 1~3년 미만   ② 3~5년 미만

③ 5~10년 미만   ④ 15년 이상

> **해설** 청장년층은 운전자 사망사고 발생건수가 운전면허 경과년수 5~10년 미만인 경우가 가장 많고 고령층의 경우는 운전면허 경과년수가 15년 이상인 경우에만 집중되고 있다.

정답 ③

38 다음 어린이 교통사고의 특징으로 볼 수 없는 것은?

① 어릴수록 교통사고를 많이 당한다.

② 어린이 보행 사상자는 오전에 가장 많다.

③ 보행 중 교통사고를 당하여 사망하는 비율이 가장 높다.

④ 보행 중 사상자는 집이나 학교 근처에서 가장 많이 발생되고 있다.

> **해설** 시간대별 어린이 보행 사상자는 오후 4시에서 오후 6시 사이에 가장 많다.

정답 ②

39 어린이의 교통행동 특성에 관한 설명으로 바르지 않은 것은?

① 추상적인 말은 잘 이해하지 못하는 경우가 많다.

② 교통상황에 대한 주의력이 부족하다.

③ 자신의 감정을 억제하거나 참아내는 능력이 약하다.

④ 호기심이 적고 모험심이 약하다.

> **해설** 어린이는 호기심이 많고 모험심이 강하다.

정답 ④

40 어린이가 승용차에 탑승했을 때의 유의사항으로 옳지 않은 것은?

① 안전띠 착용한다.

② 차를 떠날 때는 같이 떠난다.

③ 문은 어른이 열고 닫는다.

④ 어린이는 앞좌석에 앉도록 한다.

> **해설** 어린이는 반드시 뒷좌석에 태우고 도어의 안전잠금장치를 잠근 후 운행한다.

정답 ④

41 다음 교통사고 상황 등을 기록하는 자동차의 부속장치 중 하나의 전자식 장치는?

① 운행기록 장치
② 전자운행속도 장치
③ 블랙박스 장치
④ 교통사고기록 장치

> **해설** 운행기록 장치 : 자동차의 속도, 위치, 방위각, 가속도, 주행거리 및 교통사고 상황 등을 기록하는 자동차의 부속장치 중 하나의 전자식 장치이다.

정답 ①

42 운행기록장치 장착의무자가 운행기록장치에 기록된 운행기록을 몇 개월간 보관하여야 하는가?

① 1개월　　　　② 3개월
③ 6개월　　　　④ 12개월

> **해설** 운행기록장치 장착의무자는 교통안전법에 따라 운행기록장치에 기록된 운행기록을 6개월 동안 보관하여야 한다.

정답 ③

43 다음 운행기록 분석결과의 활용 대상으로 볼 수 없는 것은?

① 자동차의 운행관리
② 교통수단 및 운행체계의 개선
③ 교통안전에 관한 법률의 교육
④ 교통행정기관의 운행계통 및 운행경로 개선

> **해설** 운행기록분석결과의 활용
> 1. 자동차의 운행관리
> 2. 운전자에 대한 교육·훈련
> 3. 운전자의 운전습관 교정
> 4. 운송사업자의 교통안전관리 개선
> 5. 교통수단 및 운행체계의 개선
> 6. 교통행정기관의 운행계통 및 운행경로 개선
> 7. 그 밖에 사업용 자동차의 교통사고 예방을 위한 교통안전 정책의 수립

정답 ③

part
03

안전운행요령

제3장 자동차 요인과 안전운행 [적중문제]

CBT 대비
필기문제

QUALIFICATION TEST FOR CARGO WORKERS

01 차를 주차 또는 정차시킬 때 사용하는 제동장치는?

① 주차 브레이크
② ABS(Anti-lock Brake System)
③ 풋 브레이크
④ 엔진 브레이크

> **해설** **주차 브레이크** : 차를 주차 또는 정차시킬 때 사용하는 제동장치

정답 ①

02 다음 휠(wheel)에 관한 설명으로 옳지 않은 것은?

① 차량의 중량을 지지한다.
② 엔진에서 발생하는 열을 흡수하여 대기 중으로 잘 방출시켜야 한다.
③ 무게가 가볍고 노면의 충격과 측력에 견딜 수 있어야 한다.
④ 구동력과 제동력을 지면에 전달한다.

> **해설** **휠(wheel)**은 타이어에서 발생하는 열을 흡수하여 대기 중으로 잘 방출시켜야 한다.

정답 ②

03 앞바퀴를 위에서 보았을 때 앞쪽이 뒤쪽보다 좁은 상태는?

① 토우인(Toe-in)
② 캠버(Camber)
③ 캐스터(Caster)
④ 휠(wheel)

> **해설** **토우인(Toe-in)** : 앞바퀴를 위에서 보았을 때 앞쪽이 뒤쪽보다 좁은 상태를 말한다.

정답 ①

04 앞바퀴를 앞에서 보았을 때 위쪽이 아래보다 약간 안쪽으로 기울어진 상태를 말하는 것은?

① (−)캠버
② (+)캠버
③ 토우인
④ 토아웃

> **해설** 앞바퀴를 앞에서 보았을 때 위쪽이 아래보다 약간 바깥쪽으로 기울어진 상태는 (+)캠버, 앞바퀴를 앞에서 보았을 때 위쪽이 아래보다 약간 안쪽으로 기울어진 상태는 (−)캠버 이다.

정답 ①

05 각 차륜에 내구성이 강한 금속 나선을 놓은 것으로 코일의 상단은 차체에 부착하는 반면 하단은 차륜에 간접적으로 연결되는 무엇인가?

① 코일 스프링(Coil spring)

② 충격흡수장치(Shock absorber)

③ 비틀림 막대 스프링(Torsion bar spring)

④ 공기 스프링(Air spring)

> **해설** **코일 스프링(Coil spring)** : 각 차륜에 내구성이 강한 금속 나선을 놓은 것으로 코일의 상단은 차체에 부착하는 반면 하단은 차륜에 간접적으로 연결된다.

정답 ①

06 차량의 원심력에 관한 내용으로 바르지 않은 것은?

① 타이어의 접지력은 노면의 모양과 상태에 의존한다.

② 노면이 젖어있거나 얼어 있으면 타이어의 접지력은 감소한다.

③ 원심력의 작용을 줄이기 위하여 노면에 경사가 지도록 한다.

④ 도로의 한가운데 높고 가장자리로 갈수록 낮아지게 하면 커브에서 원심력이 줄어든다.

> **해설** 비포장도로는 도로의 한가운데 높고 가장자리로 갈수록 낮아지는 곳이 많은데 이러한 도로는 커브에서 원심력이 오히려 더 커질 수 있다.

정답 ④

07 타이어의 회전속도가 빨라지면 접지부에서 받은 타이어의 변형(주름)이 다음 접지 시점까지도 복원되지 않고 접지의 뒤쪽에 진동의 물결이 일어나는 현상은 무엇인가?

① 페이드(Fade) 현상

② 수막현상(Hydroplaning)

③ 스탠딩 웨이브(Standing wave) 현상

④ 모닝 록(Morning lock) 현상

> **해설** **스탠딩 웨이브(Standing wave) 현상** : 타이어의 회전속도가 빨라지면 접지부에서 받은 타이어의 변형(주름)이 다음 접지 시점까지도 복원되지 않고 접지의 뒤쪽에 진동의 물결이 일어나는 현상

정답 ③

08 자동차가 물이 고인 노면을 고속으로 주행할 때 타이어는 그루브(타이어 홈) 사이에 있는 물을 배수하는 기능이 감소되어 물의 저항에 의해 노면으로부터 떠올라 물위를 미끄러지듯이 되는 현상은?

① 수막현상(Hydroplaning)

② 페이드(Fade) 현상

③ 베이퍼 록(Vapour lock) 현상

④ 모닝 록(Morning lock) 현상

> **해설** **수막현상(Hydroplaning)** : 자동차가 물이 고인 노면을 고속으로 주행할 때 타이어는 그루브(타이어 홈) 사이에 있는 물을 배수하는 기능이 감소되어 물의 저항에 의해 노면으로부터 떠올라 물위를 미끄러지듯이 되는 현상

정답 ①

part
03

안전운행요령

09 비탈길을 내려가거나 할 경우 브레이크를 반복하여 사용하면 마찰열이 라이닝에 축적되어 브레이크의 제동력이 저하되는 현상은?

① 스탠딩 웨이브(Standing wave) 현상

② 수막현상(Hydroplaning)

③ 베이퍼 록(Vapour lock) 현상

④ 페이드(Fade) 현상

> **해설** 페이드(Fade) 현상 : 비탈길을 내려가거나 할 경우 브레이크를 반복하여 사용하면 마찰열이 라이닝에 축적되어 브레이크의 제동력이 저하되는 현상

정답 ④

10 다음 차체가 Z축 방향과 평행 운동을 하는 고유 진동은?

① 피칭(Pitching ; 앞뒤 진동)

② 롤링(Rolling ; 좌우 진동)

③ 바운싱(Bouncing ; 상하 진동)

④ 요잉(Yawing ; 차체 후부 진동)

> **해설** 바운싱(Bouncing ; 상하 진동) : 이 진동은 차체가 Z축 방향과 평행 운동을 하는 고유 진동이다.

정답 ③

11 다음 자동차 주행 중 발생하는 좌우 방향의 진동을 무엇이라 하는가?

① 바운싱(Bouncing) ② 피칭(Pitching)

③ 요잉(Yawing) ④ 롤링(Rolling)

> **해설** 요잉(Yawing) : 자동차 주행 중 발생하는 좌우 진동 또는 좌우축이 상하로 움직이는 진동이다.

정답 ③

12 타이어 마모에 영향을 주는 요소에 대한 설명으로 틀린 것은?

① 공기압이 높으면 승차감은 나빠진다.

② 타이어에 걸리는 하중이 커지면 내마모성이 증가된다.

③ 속도가 증가하면 타이어의 온도도 상승하여 트레드 고무의 내마모성이 저하된다.

④ 노면에 알맞은 주행을 하여야 마모를 줄일 수 있다.

> **해설** 타이어에 걸리는 하중이 커지면 공기압 부족과 같은 형태로 타이어는 크게 굴곡 되어 마찰력이 증가하기 때문에 내마모성이 저하된다.

정답 ②

13 다음 자동차의 정지거리에 대한 설명으로 옳은 것은?

① 브레이크가 작동하는 순간부터 정지할 때까지 이동한 거리
② 운전자 반응 후 정지까지 이동한 거리
③ 공주거리와 제동거리를 합한 거리
④ 정지 의사결정 후 브레이크가 작동하기까지 이동한 거리

해설 자동차의 정지거리 : 브레이크가 작동하는 순간부터 정지할 때까지 이동한 거리를 말한다.

정답 ①

14 운전자가 자동차를 정지시켜야 할 상황임을 지각하고 브레이크 페달로 발을 옮겨 브레이크가 작동을 시작하는 순간까지의 시간은?

① 이동시간   ② 제동시간
③ 공주시간   ④ 소요시간

해설 공주시간 : 운전자가 자동차를 정지시켜야 할 상황임을 지각하고 브레이크 페달로 발을 옮겨 브레이크가 작동을 시작하는 순간까지의 시간

정답 ③

15 다음 동력전달장치의 일상점검 내용으로 바르지 않은 것은?

① 클러치 페달의 유동이 없고 클러치의 유격은 적당한가?
② 연료분사펌프조속기의 봉인상태가 양호한가?
③ 변속기의 조작이 쉽고 변속기 오일의 누출은 없는가?
④ 추진축 연결부의 헐거움이나 이음은 없는가?

해설 연료분사펌프조속기의 봉인상태가 양호한가는 원동기의 점검사항이다.

정답 ②

16 다음 제동장치의 일상점검 내용으로 바르지 않은 것은?

① 브레이크 페달을 밟았을 때 상판과의 간격은 적당한가?
② 브레이크액의 누출은 없는가?
③ 새시스프링이 절손된 곳은 없는가?
④ 브레이크액의 누출은 없는가?

해설 새시스프링이 절손된 곳은 완충장치 점검사항이다.

정답 ③

part
03

안전운행요령

17 다음 차량점검 및 주의사항으로 바르지 않은 것은?

① 주차 시에는 항상 주차브레이크를 사용한다.

② 적색 경고등이 들어온 상태일 경우 서행하여 운행한다.

③ 라디에이터 캡은 주의해서 연다.

④ 운행 중에는 조향핸들의 높이와 각도를 조정하지 않는다.

해설 적색 경고등이 들어온 상태에서는 절대로 운행하지 않는다.

정답 ②

18 차량점검 및 주의사항으로 옳지 않은 것은?

① 컨테이너 차량의 경우 고정장치가 작동되는지를 확인한다.

② 캡을 기울일 때 손을 머드가드 부위에 올려놓지 않는다.

③ 운행 중에는 조향핸들의 높이와 각도를 조정한다.

④ 주차 시에는 항상 엔진브레이크를 사용한다.

해설 운행 중에는 조향핸들의 높이와 각도를 조정하지 않는다.

정답 ③

19 배터리액의 누출, 연료 누설, 전선 등이 타는 냄새 등을 확인하기 위하여 활용되는 감각은?

① 시각   ② 촉각

③ 청각   ④ 후각

해설 후각 : 이상 발열·냄새

정답 ④

20 주행 전 차체에 이상한 진동이 느껴질 때의 고장부분은?

① 엔진의 점화 장치 부분

② 조향장치 부분

③ 팬벨트(fan belt)

④ 바퀴 부분

해설 엔진의 점화 장치 부분 : 주행 전 차체에 이상한 진동이 느껴질 때는 엔진에서의 고장이 주원인이다.

정답 ①

21 주행 중 하체 부분에서 비틀거리는 흔들림이 일어나는 때의 고장부분은?

① 브레이크 부분   ② 팬벨트(fan belt)

③ 클러치 부분   ④ 바퀴 부분

> **해설** 바퀴 부분 : 주행 중 하체 부분에서 비틀거리는 흔들림이 일어나는 때가 있다.

정답 ④

22 가속 페달을 힘껏 밟은 순간 '끼익'하는 소리가 나는 경우 고장부분은?

① 엔진부분   ② 조향장치 부분

③ 바퀴 부분   ④ 팬벨트 또는 기타 V벨트

> **해설** 팬벨트(fan belt) : 가속 페달을 힘껏 밟는 순간 "끼익!" 하는 소리가 나는 경우가 많은데, 이때는 팬벨트 또는 기타의 V벨트가 이완되어 걸려 있는 풀리(pulley)와의 미끄러짐에 의해 일어난다.

정답 ④

23 농후한 혼합가스가 들어가 불완전 연소되는 경우 배출가스의 색은?

① 녹색   ② 흰색

③ 검은색   ④ 담홍색

> **해설** 검은색 : 농후한 혼합가스가 들어가 불완전 연소되는 경우이다.

정답 ③

24 엔진오일이 과다 소모될 때 조치사항으로 옳지 않은 것은?

① 에어 클리너 청소

② 실린더라이너 교환이나 보링작업

③ 팬 및 워터펌프의 벨트 확인

④ 오일팬이나 개스킷 교환

> **해설** 엔진오일이 과다 소모될 때 조치사항 : 엔진 피스톤 링 교환, 실린더라이너 교환, 실린더 교환이나 보링작업, 오일팬이나 개스킷 교환, 에어 클리너 청소 및 장착 방법 준수 철저

정답 ③

25 엔진이 과열되었을 때의 조치사항으로 옳지 않은 것은?

① 냉각팬 휴즈 및 배선상태 확인
② 인젝션 펌프 에어빼기 작업
③ 냉각수 보충
④ 팬벨트의 장력조정

> **해설** 엔진이 과열되었을 때의 조치사항 : 냉각수 보충, 팬벨트의 장력조정, 냉각팬 휴즈 및 배선상태 확인, 팬벨트 교환, 수온조절기 교환, 냉각수 온도 감지센서 교환

정답 ②

26 엔진 온도 과열 현상에 대한 점검사항으로 옳지 않은 것은?

① 수온조절기의 열림 확인
② 냉각팬 및 워터펌프의 작동 확인
③ 라디에이터 손상 상태 및 써머스태트 작동상태 확인
④ 배기 배출가스 육안 확인

> **해설** 배기 배출가스 육안 확인은 엔진오일이 과다하게 소모될 때 점검사항이다.

정답 ④

27 엔진 매연이 과다하게 발생할 때 조치방법으로 옳지 않은 것은?

① 밸브간극 조정 실시
② 에어 클리너 오염 확인 후 청소
③ 에어 클리너 덕트 내부 확인
④ 오일량 확인

> **해설** 엔진 매연이 과다하게 발생할 때 조치방법
> 1. 출력 감소 현상과 함께 매연이 발생되는 것은 흡입 공기량(산소량)부족으로 불완전 연소된 탄소가 나오는 것임
> 2. 에어 클리너 오염 확인 후 청소
> 3. 에어 클리너 덕트 내부 확인(부풀음 또는 폐쇄 확인하여 흡입 공기량이 충분토록 조치)
> 4. 밸브간극 조정 실시

정답 ④

28 엔진 시동이 불량할 때의 조치방법으로 바른 것은?

① 플라이밍 펌프 내부의 필터 청소
② 연료공급 계통의 공기빼기 작업
③ 연료파이프 누유 및 공기유입 확인
④ 에어 클리너 오염 확인 후 청소

> **해설** 엔진 시동이 불량할 때의 조치방법
> 1. 플라이밍 펌프 작동 시 에어 유입 확인 및 에어빼기
> 2. 플라이밍 펌프 내부의 필터 청소

정답 ①

29 주행 제동 시 차량 쏠림 현상이 발생할 경우 조치방법으로 바르지 않은 것은?

① 타이어의 공기압 좌·우 동일하게 주입
② 배선부분 불량인지 확인 및 교환
③ 브레이크 드럼 교환
④ 리어 앞 브레이크 커넥터의 장착 불량으로 유압 오작동

> **해설** 조치방법
> 1. 타이어의 공기압 좌·우 동일하게 주입
> 2. 좌·우 브레이크 라이닝 간극 재조정
> 3. 브레이크 드럼 교환
> 4. 리어 앞 브레이크 커넥터의 장착 불량으로 유압 오작동

정답 ②

31 수온 게이지 작동 불량인 경우 조치방법으로 바르지 않은 것은?

① 온도 메터 게이지 교환
② 커넥터 점검
③ 수온센서 교환
④ 배선 및 커넥터 교환

> **해설** 조치방법 : 온도 메터 게이지 교환, 수온센서 교환, 배선 및 커넥터 교환, 단선된 부위 납땜 조치 후 테이핑

정답 ②

30 와이퍼 작동 시 소음이 발생하는 경우 조치방법으로 바르지 않은 것은?

① 앞 브레이크 드럼 연마 작업 또는 교환
② 소음 발생 시 링크기구 탈거하여 점검
③ 소음 미발생 시 와이퍼블레이드 교환
④ 와이퍼 암 교환

> **해설** 조치방법 : 소음 발생 시 링크기구 탈거하여 점검, 소음 미발생 시 와이퍼블레이드 및 와이퍼 암 교환

정답 ①

part
03

안전운행요령

제4장 도로요인과 안전운행 [적중문제]

CBT 대비 필기문제

QUALIFICATION TEST FOR CARGO WORKERS

01 도로요인 중 안전시설에 해당하지 않은 것은?

① 신호기
② 차로수
③ 노면표시
④ 방호울타리

> **해설** 안전시설 : 신호기, 노면표시, 방호울타리 등

> **정답** ②

02 도로의 선형과 교통사고에 관한 내용으로 바르지 않은 것은?

① 곡선부는 미끄럼 사고가 발생하기 쉬운 곳이다.
② 독일의 경우 긴 직선구간 끝에 있는 곡선부는 짧은 직선구간 다음의 곡선부에 비하여 사고율이 높았다.
③ 일반도로에서 곡선반경이 100m 이내일 때 사고율이 높다.
④ 곡선부가 오르막 내리막의 종단경사와 중복되는 곳은 사고 위험성이 낮다.

> **해설** 곡선부가 오르막 내리막의 종단경사와 중복되는 곳은 훨씬 더 사고 위험성이 높다.

> **정답** ④

03 곡선부 방호울타리의 기능으로 옳지 않은 것은?

① 자동차를 정상적인 진행방향으로 복귀시키는 것
② 부상자의 발생을 억제시키는 것
③ 탑승자의 상해 및 자동차의 파손을 감소시키는 것
④ 운전자의 시선을 유도하는 것

> **해설** 곡선부 방호울타리의 기능
> 1. 자동차의 차도이탈을 방지하는 것
> 2. 탑승자의 상해 및 자동차의 파손을 감소시키는 것
> 3. 자동차를 정상적인 진행방향으로 복귀시키는 것
> 4. 운전자의 시선을 유도하는 것

> **정답** ②

04 차로폭과 교통사고에 관한 내용으로 바르지 않은 것은?

① 횡단면의 차로 폭이 넓을수록 교통사고예방의 효과가 있다.
② 교통량이 많은 구간의 차로 폭을 규정범위 이내로 넓히면 교통사고예방의 효과가 있다.
③ 교통사고율이 높은 구간의 차로 폭을 규정범위 이내로 넓히면 교통사고예방의 효과가 있다.
④ 횡단면의 차로 폭이 넓을수록 교통사고가 많이 발생한다.

> **해설** 횡단면의 차로 폭이 넓을수록 교통사고예방의 효과가 있다.

> **정답** ④

05 다음 길어깨의 역할로 바르지 않은 것은?

① 측방 여유폭을 가지므로 교통의 안전성과 쾌적성에 기여한다.

② 보도 등이 없는 도로에서는 보행자 등의 통행장소로 제공된다.

③ 절토부 등에서는 곡선부의 시거가 증대되기 때문에 교통의 안전성이 높다.

④ 일반적으로 길어깨는 도로 미관에 좋지 않다.

> **해설** 유지가 잘되어 있는 길어깨는 도로 미관을 높인다.

정답 ④

06 다음 방호울타리의 기능으로 바르지 않은 것은?

① 횡단을 방해하지 않아야 한다.

② 차량을 감속시킬 수 있어야 한다.

③ 차량이 대향차로로 튕겨나가지 않아야 한다.

④ 차량의 손상이 적도록 해야 한다.

> **해설** 방호울타리는 횡단을 방지할 수 있어야 하고, 차량을 감속시킬 수 있어야 하며, 차량이 대향차로로 튕겨나가지 않아야 하며, 차량의 손상이 적도록 해야 한다.

정답 ①

07 서로 반대방향으로 주행 중인 자동차간의 정면충돌 사고를 예방하기 위한 방법으로 가장 효과적인 것은?

① 중앙분리대 설치 ② 길어깨 확장

③ 반사경 설치 ④ 차로폭 확폭

> **해설** 중앙분리대를 설치하면 차량의 중앙선 침범에 의한 치명적인 정면충돌사고를 방지할 수 있다.

정답 ①

08 좌회전 차로의 제공이나 향후 차로 확장에 쓰일 공간 확보, 연석의 중앙에 녹지공간 제공, 운전자의 심리적 안정감에 기여하지만 차량과 충돌 시 차량을 본래의 주행방향으로 복원해주는 기능이 미약한 중앙분리대는?

① 방호울타리형 중앙분리대

② 연석형 중앙분리대

③ 광폭 중앙분리대

④ 공간확보형 중앙분리대

> **해설** **연석형 중앙분리대** : 좌회전 차로의 제공이나 향후 차로 확장에 쓰일 공간 확보, 연석의 중앙에 잔디나 수목을 심어 녹지공간 제공, 운전자의 심리적 안정감에 기여하지만 차량과 충돌 시 차량을 본래의 주행방향으로 복원해주는 기능이 미약하다.

정답 ②

09 교량과 교통사고에 관한 설명으로 바르지 않은 것은?

① 교량의 폭, 교량 접근부 등은 교통사고와 밀접한 관계에 있다.

② 교량 접근로의 폭에 비하여 교량의 폭이 좁을수록 사고가 더 많이 발생한다.

③ 교량의 접근로 폭과 교량의 폭이 서로 다른 경우 사고율을 감소시킬 수 없다.

④ 교량의 접근로 폭과 교량의 폭이 같을 때 사고율이 가장 낮다.

> **해설** 교량의 접근로 폭과 교량의 폭이 서로 다른 경우에도 교통통제시설, 즉 안전표지, 시선유도표지, 교량끝단의 노면표시를 효과적으로 설치함으로써 사고율을 현저히 감소시킬 수 있다.

정답 ③

10 다음 양방향 차로의 수를 합한 것은?

① 변속차로　　　② 오르막차로

③ 회전차로　　　④ 차로수

> **해설** 차로수 : 양방향 차로(오르막차로, 회전차로, 변속차로 및 양보차로를 제외한다)의 수를 합한 것을 말한다.

정답 ④

11 도로의 진행방향 중심선의 길이에 대한 높이의 변화 비율은 무엇인가?

① 횡단경사　　　② 편경사

③ 종단경사　　　④ 정지시거

> **해설** ③ **종단경사** : 도로의 진행방향 중심선의 길이에 대한 높이의 변화 비율을 말한다.
> ① **횡단경사** : 도로의 진행방향에 직각으로 설치하는 경사로서 도로의 배수를 원활하게 하기 위하여 설치하는 경사와 평면곡선부에 설치하는 편경사를 말한다.
> ② **편경사** : 평면곡선부에서 자동차가 원심력에 저항할 수 있도록 하기 위하여 설치하는 횡단경사를 말한다.
> ④ **정지시거** : 안전 운전을 위해 제동 거리만큼 눈으로 확인할 수 있는 거리

정답 ③

제 5 장 안전운전 [적중문제]

QUALIFICATION TEST FOR CARGO WORKERS

---

01 다음 방어운전에 해당하지 않은 것은?

① 자기 자신이 사고의 원인을 만들지 않는 운전
② 자기 자신이 사고에 말려들어 가지 않게 하는 운전
③ 끼어들지 못하게 앞차와의 간격을 좁혀 하는 운전
④ 타인의 사고를 유발시키지 않는 운전

> **해설** 방어운전
> 1. 자기 자신이 사고의 원인을 만들지 않는 운전
> 2. 자기 자신이 사고에 말려들어 가지 않게 하는 운전
> 3. 타인의 사고를 유발시키지 않는 운전

정답 ③

---

02 다음 방어운전의 기본자세로 바르지 않은 것은?

① 예측능력과 판단력
② 무리한 운행 배제
③ 소극적인 운선 내도
④ 교통상황 정보수집

> **해설** 방어운전의 기본자세 : 능숙한 운전 기술, 정확한 운전 지식, 예측능력과 판단력, 양보와 배려의 실천, 교통상황 정 보수집, 반성의 자세, 무리한 운행 배제

정답 ③

---

03 다음 올바른 안전운전 요령으로 바르지 않은 것은?

① 운전자는 앞차의 전방까지 시야를 멀리 둔다.
② 혼잡한 도로에서는 조심스럽게 교통의 흐름에 따르고 가급적 끼어들기를 삼간다.
③ 교통량이 너무 많은 길이나 시간을 피해 운전하도록 한다.
④ 대형차 뒤를 따르면 시야장애가 우려되므로 항상 앞지르기를 하여 주행한다.

> **해설** 대형차 뒤를 따르면 시야장애가 우려되므로 함부로 앞지르기를 하지 않도록 하고 시기를 보아서 대형차의 뒤에서 이탈하여 주행한다.

정답 ④

---

04 뒤에 다른 차가 접근해 올 때 방어운전 방법으로 적절한 것은?

① 급제동을 실시한다.
② 속도를 증가시킨다.
③ 앞지르기를 하려고 하면 양보해순다.
④ 상향전조등을 켠다.

> **해설** 뒤에 다른 차가 접근해 올 때는 속도를 낮춘다. 뒤차가 앞지르기를 하려고 하면 양보해 준다. 뒤차가 바싹 뒤따라올 때는 가볍게 브레이크 페달을 밟아 제동등을 켠다.

정답 ③

115

05 다음 출발할 때의 방어운전 방법으로 바르지 않은 것은?

① 도로에 진입할 때 빠른 속도로 진입한다.
② 차의 전·후, 좌·우는 물론 차의 밑과 위까지 안전을 확인한다.
③ 도로의 가장자리에서 도로를 진입하는 경우에는 반드시 신호를 한다.
④ 교통류에 합류할 때에는 진행하는 차의 간격상태를 확인하고 합류한다.

> **해설** 도로에 진입할 때에는 신호를 하고 서서히 진입하여야 한다.

정답 ①

06 주행 시 속도조절로 바르지 않은 것은?

① 곡선반경이 작은 도로나 신호의 설치간격이 좁은 도로에서는 속도를 낮추어 안전하게 통과한다.
② 교통량이 많은 곳에서는 속도를 줄여서 주행한다.
③ 해질 무렵, 터널 등 조명조건이 나쁠 때에는 속도를 줄여서 주행한다.
④ 기상상태나 도로조건 등으로 시계조건이 나쁜 곳에서는 속도를 올려서 주행한다.

> **해설** 기상상태나 도로조건 등으로 시계조건이 나쁜 곳에서는 속도를 줄여서 주행한다.

정답 ④

07 다음 앞지르기할 때 방법으로 바르지 않은 것은?

① 꼭 필요한 경우에만 앞지르기한다.
② 앞지르기에 적당한 속도로 주행한다.
③ 마주 오는 차의 속도와 거리와는 관계없이 앞지르기한다.
④ 반드시 안전을 확인한 후 앞지르기한다.

> **해설** 마주 오는 차의 속도와 거리를 정확히 판단한 후 앞지르기한다.

정답 ③

08 다음 좌·우로 회전할 때 방법으로 옳지 않은 것은?

① 우회전을 할 때 보도나 노견으로 타이어가 넘어가지 않도록 주의한다.
② 회전 시 후미 차량은 신호를 생략할 수 있다.
③ 대향차가 교차로를 완전히 통과한 후 좌회전한다.
④ 미끄러운 노면에서는 특히, 급핸들 조작으로 회전하지 않는다.

> **해설** 회전 시에는 반드시 신호를 하여야 한다.

정답 ②

09 다음 주차할 때 방법으로 바르지 않은 것은?

① 주택가 공터가 있으면 주차한다.

② 주행차로에 차의 일부분이 돌출된 상태로 주차하지 않는다.

③ 언덕길 등 기울어진 길에는 바퀴를 고인다.

④ 차가 노상에서 고장을 일으킨 경우에는 고장표지를 설치한다.

> **해설** 주차가 허용된 지역이나 안전한 지역에 주차한다.

정답 ①

10 다음 차량의 운행에 관한 내용으로 옳지 않은 것은?

① 졸음이 오는 경우에 무리하여 운행하지 않도록 한다.

② 타인의 운전태도에 감정적으로 반응하여 운전하지 않도록 한다.

③ 몸이 불편한 경우에는 쉬어가며 운전한다.

④ 술이나 약물의 영향이 있는 경우에는 운전을 삼간다.

> **해설** 몸이 불편한 경우에는 운전하지 않는다.

정답 ③

11 다음 교차로의 장점으로 옳지 않은 것은?

① 교통류의 흐름을 질서 있게 한다.

② 교통처리용량을 증대시킬 수 있다.

③ 교차로에서의 추돌사고를 줄일 수 있다.

④ 특정 교통류의 소통을 도모하기 위하여 통제에 이용할 수 있다.

> **해설** 직각충돌사고를 줄일 수 있으나 교통사고, 추돌사고가 다소 증가할 수 있다.

정답 ③

12 다음 교차로의 단점으로 바르지 않은 것은?

① 과도한 대기로 인한 지체가 발생할 수 있다.

② 직각충돌사고가 증가할 수 있다.

③ 신호기를 피하기 위해 부적절한 노선을 이용할 수 있다.

④ 신호지시를 무시하는 경향을 조장할 수 있다.

> **해설** 직각충돌사고를 줄일 수 있으나 교통사고, 추돌사고가 다소 증가할 수 있다.

정답 ②

part
03

안전운행요령

13 교차로의 안전운전 및 방어운전에 관한 설명으로 옳지 않은 것은?

① 신호등이 지시하는 신호에 따라 통행한다.
② 교통경찰관의 지시에 따라 통행한다.
③ 신호가 바뀌는 순간 지체없이 빠르게 진행한다.
④ 교통전반을 살피며 1~2초의 여유를 가지고 서서히 출발한다.

해설 신호가 바뀌는 순간을 주의한다. 교차로 사고의 대부분은 신호가 바뀌는 순간에 발생하므로 반대편 도로의 교통 전반을 살피며 1~2초의 여유를 가지고 서서히 출발한다.

정답 ③

14 다음 교차로 통과 시 안전운전방법으로 옳지 않은 것은?

① 직진할 경우는 좌·우회전 차량보다 전방 차량에 더 주의한다.
② 맹목적으로 앞차를 따라가지 않는다.
③ 좌·우회전 시의 방향신호는 정확히 해야 한다.
④ 성급한 좌회전은 보행자를 간과하기 쉽다.

해설 직진할 경우는 좌·우회전하는 차를 주의해야 한다.

정답 ①

15 시가지 외 도로운행 시 안전운전방법으로 옳지 않은 것은?

① 커브에서는 특히 주의하여 주행한다.
② 좁은 길에서 마주오는 차가 있을 때에는 일시정지 후 교행한다.
③ 맹속력으로 주행하는 차에게는 진로를 양보한다.
④ 자기 능력에 부합된 속도로 주행한다.

해설 좁은 길에서 마주오는 차가 있을 때에는 서행하면서 교행한다.

정답 ②

16 교차로 황색신호 시 사고유형으로 볼 수 없는 것은?

① 횡단보도 전 앞차 정지 시 앞차 추돌
② 직진 차량과 우회전 차량의 충돌
③ 횡단보도 통과 시 보행자, 자전거 또는 이륜차 충돌
④ 교차로 상에서 전신호 차량과 후신호 차량의 충돌

해설 황색신호 시 사고유형
1. 교차로 상에서 전신호 차량과 후신호 차량의 충돌
2. 횡단보도 전 앞차 정지 시 앞차 추돌
3. 횡단보도 통과 시 보행자, 자전거 또는 이륜차 충돌
4. 유턴 차량과의 충돌

정답 ②

17 다음 이면도로를 안전하게 통행하는 방법으로 옳지 것은?

① 항상 위험을 예상하면서 운전한다.
② 언제라도 곧 정지할 수 있는 마음의 준비를 갖춘다.
③ 어린이가 갑자기 뛰어들지 모른다는 생각을 가지고 운전한다.
④ 일정한 속도를 유지한다.

> **해설** 이면도로에서는 속도를 낮추어 운전한다.

> **정답** ④

18 다음 급커브길의 주행방법으로 옳지 않은 것은?

① 풋 브레이크를 사용하여 충분히 속도를 줄인다.
② 커브의 경사도나 도로의 폭을 확인한다.
③ 차의 속도를 서서히 높인다.
④ 차가 커브를 돌기 전부터 핸들을 되돌리기 시작한다.

> **해설** 차가 커브를 돌았을 때 핸들을 되돌리기 시작한다.

> **정답** ④

19 커브길 안전운전 및 방어운전에 관한 내용으로 바르지 않은 것은?

① 겨울철에는 빙판이 그대로 노면에 있는 경우가 있으므로 사전에 조심하여 운전한다.
② 야간에는 전조등을 사용하여 내 차의 존재를 알린다.
③ 핸들을 조작할 때 감속을 하도록 한다.
④ 부득이한 경우가 아니면 급핸들 조작이나 급제동은 하지 않는다.

> **해설** 핸들을 조작할 때는 가속이나 감속을 하지 않아야 한다.

> **정답** ③

20 1개 차로의 폭은 도로교통의 안전과 소통을 고려하여 일반적으로 몇 m로 설치하는가?

① 2.5m ~ 3.0m   ② 3.0m ~ 3.5m
③ 3.2m ~ 3.75m   ④ 3.75m ~ 4.0m

> **해설** 차로폭은 관련 기준에 따라 도로의 설계속도, 지형조건 등을 고려하여 달리할 수 있으나 대개 3.0m~3.5m를 기준으로 한다.

> **정답** ②

part
03

안전운행요령

21 차로폭에 따른 사고 위험에 관한 설명으로 옳지 않은 것은?

① 차로폭이 넓은 경우 주관적 속도감이 실제 주행속도 보다 낮게 느껴진다.

② 차로폭이 넓은 경우 제한속도를 초과한 과속사고의 위험이 있다.

③ 차로폭이 좁은 경우 보·차도 분리시설이 미흡하다.

④ 차로폭이 좁은 경우 사고의 위험성이 낮다.

> **해설** 차로폭이 좁은 경우 : 차로폭이 좁은 도로의 경우는 차로수 자체가 편도 1~2차로에 불과하거나 보·차도 분리시설이 미흡하거나 도로정비가 미흡하고 자동차, 보행자 등이 무질서하게 혼재하는 경우가 있어 사고의 위험성이 높다.

> **정답** ④

22 내리막길 안전운전 및 방어운전에 관한 내용으로 바르지 않은 것은?

① 천천히 내려가며 엔진 브레이크로 속도를 조절하는 것이 바람직하다.

② 엔진 브레이크를 사용하면 페이드(fade) 현상을 예방할 수 있다.

③ 불필요하게 속도를 줄인다든지 급제동하는 것은 금물이다.

④ 배기 브레이크가 장착된 차량의 경우 운행의 안전도가 낮아진다.

> **해설** 배기 브레이크가 장착된 차량의 경우 배기 브레이크를 사용하면 운행의 안전도를 더욱 높일 수 있다.

> **정답** ④

23 오르막길 안전운전 및 방어운전에 관한 내용으로 옳지 않은 것은?

① 충분한 차간 거리를 유지한다.

② 저단 기어를 사용하는 것이 안전하다.

③ 정차 시에는 주차 브레이크를 사용한다.

④ 출발 시에는 핸드 브레이크를 사용하는 것이 안전하다.

> **해설** 정차 시에는 풋 브레이크와 핸드 브레이크를 같이 사용한다.

> **정답** ③

24 다음 앞지르기 사고의 유형이 아닌 것은?

① 진행 차로 내의 앞뒤 차량과의 충돌

② 우측 도로상의 보행자와 충돌

③ 앞 차량과의 근접주행에 따른 측면 충격

④ 중앙선을 넘어 앞지르기 시 대향차와 충돌

> **해설** 좌측 도로상의 보행자와 충돌이 발생하기 쉽다.

> **정답** ②

25 다음 경보기와 건널목 교통안전 표지만 설치하는 건널목은?

① 1종 건널목
② 2종 건널목
③ 3종 건널목
④ 특종 건널목

> **해설** **2종 건널목** : 경보기와 건널목 교통안전 표지만 설치하는 건널목

정답 ②

26 철길 건널목 안전운전 및 방어운전에 관한 설명으로 옳지 않은 것은?

① 건널목 앞쪽이 혼잡하면 진입하지 않는다.
② 건널목의 경보기를 무시하지 않는다.
③ 앞 차량을 따라 계속 건너갈 때는 앞 차량을 따라서 통과한다.
④ 철길 건널목 내 차량고장이 발생하면 즉시 동승자를 대피시킨다.

> **해설** 앞 차량을 따라 계속 건너갈 때는 앞 차량이 건너간 맞은편에 자기 차가 들어갈 여유 공간이 있을 때 통과한다.

정답 ③

27 다음 야간 안전운전방법으로 바르지 않은 것은?

① 주간보다 안전에 대한 여유를 크게 가질 것
② 가급적 전조등이 비치기 시작하는 곳만 살필 것
③ 해가 저물면 곧바로 전조등을 점등할 것
④ 노상에 주·정차를 하지 말 것

> **해설** 가급적 전조등이 비치는 곳 끝까지 살필 것

정답 ②

28 안개가 자주 발생하는 장소로 볼 수 없는 것은?

① 강을 따라 건설된 도로
② 논밭으로 밀집된 농촌 도로
③ 하천을 끼고 있는 도로
④ 발전용 댐 주변 도로

> **해설** 안개가 자주 발생하는 장소는 강, 댐, 하천 주위에 있는 도로이다.

정답 ②

29 다음 봄철 안전운행 및 교통사고 예방에 관한 내용으로 옳지 않은 것은?

① 시선을 멀리 두어 노면 상태 파악에 신경을 써야 한다.

② 출발하기 전에 창문을 열어 실내의 더운 공기를 환기시킨다.

③ 주변 교통 상황에 대해 집중력을 갖고 안전 운행한다.

④ 졸음운전은 대형 사고를 일으키는 원인이 될 수 있다.

해설 출발하기 전에 창문을 열어 실내의 더운 공기를 환기시키는 것은 여름철 안전운전 대책이다.

정답 ②

30 다음 봄철 자동차 관리로 바르지 않은 것은?

① 세차를 하여 염화칼슘을 씻어낸다.

② 월동장비를 잘 정리해서 보관한다.

③ 엔진오일이 부족할 때에는 보충해야 한다.

④ 습기를 제거하여 차체의 부식과 악취발생을 방지한다.

해설 습기제거는 여름철 관리요령이다.

정답 ④

31 여름철 자동차 관리로 바르지 않은 것은?

① 부동액 점검

② 와이퍼의 작동상태 점검

③ 타이어 마모상태 점검

④ 차량 내부의 습기 제거

해설 부동액 점검은 겨울철 관리요령이다.

정답 ①

32 가을철 교통사고의 특징으로 옳지 않은 것은?

① 단풍을 감상하다 교통사고

② 비교적 좋은 도로조건으로 사고발생

③ 들뜬 마음에 의한 주의력 저하 관련 사고가능성

④ 노면이 미끄러운 이유로 사고발생

해설 노면이 미끄러운 이유로 사고가 발생하는 것은 여름철 비와 겨울철 노면의 응고 때문이다.

정답 ④

33 장거리 운행 전 점검사항으로 바르지 않은 것은?

① 타이어의 공기압
② 냉각수와 브레이크액의 양
③ 체인 점검
④ 각종 램프의 작동여부

> **해설** 장거리 운행 전 점검사항 : 타이어의 공기압, 스페어타이어, 냉각수와 브레이크액의 양, 각종 램프의 작동여부, 휴대용 작업등, 손전등, 연료충전, 지도 휴대 등

정답 ③

34 겨울철 자동차관리에 필요한 항목이 아닌 것은?

① 월동장비 점검
② 부동액 점검
③ 체인 점검
④ 와이퍼의 작동상태 점검

> **해설** 겨울철 자동차관리에 필요한 항목 : 월동장비 점검, 부동액 점검, 써머스타 상태 점검, 체인 점검

정답 ④

35 다음 위험물의 운반방법으로 옳지 않은 것은?

① 위험물에 적응하는 소화설비를 설치할 것
② 마찰 및 흔들림 일으키지 않도록 운반할 것
③ 일시정차 시는 안전한 장소를 택하여 안전에 주의할 것
④ 재해발생이 우려될 때에는 응급조치를 취하고 화주에게 통보하여 조치할 것

> **해설** 재해발생이 우려될 때에는 응급조치를 취하고 가까운 소방관서, 기타 관계기관에 통보하여 조치를 받아야 한다.

정답 ④

36 차량에 고정된 탱크의 운행 전 점검사항으로 바르지 않은 것은?

① 냉각 수량의 적정 유무
② 주차 브레이크의 작동여부
③ 핸들 헐거움의 유무
④ 접속부의 조임과 헐거움의 정도

> **해설** 주차 브레이크의 작동여부는 운행 후 점검사항이다.

정답 ②

37 차량에 고정된 탱크의 안전운송기준으로 바르지 않은 것은?

① 관계법규 및 기준을 잘 준수할 것
② 도로의 노면이 나쁜 도로를 통과할 경우 이상여부를 확인할 것
③ 차량이 육교 등 밑을 통과할 때는 육교 등 높이에 주의할 것
④ 운행계획에 따른 운행 경로를 임의로 바꿀 것

> **해설** 운행계획에 따른 운행 경로를 임의로 바꾸지 말아야 하며, 부득이하여 운행 경로를 변경하고자 할 때에는 긴급한 경우를 제외하고는 소속사업소, 회사 등에 사전 연락하여 비상사태를 대비할 것

정답 ④

38 차량에 고정된 탱크에 이입작업할 때의 기준으로 바르지 않은 것은?

① 만일의 화재에 대비하여 소화기를 즉시 사용할 수 있도록 할 것
② 이송 전·후에 밸브의 누출유무를 점검하고 개폐는 서서히 행할 것
③ 정전기 제거용의 접지코드를 기지(基地)의 접지텍에 접속할 것
④ 저온 및 초저온가스의 경우에는 가죽장갑 등을 끼고 작업을 할 것

> **해설** 이송 전·후에 밸브의 누출유무를 점검하고 개폐는 서서히 행하는 것은 이송(移送)작업할 때의 기준이다.

정답 ②

39 차량에 고정된 탱크가 운행을 종료한 때의 점검사항이 아닌 것은?

① 동시에 2대 이상의 고정된 탱크에서 저장설비로 이송작업을 하지 않을 것
② 밸브 등의 이완이 없을 것
③ 경계표지 및 휴대품 등의 손상이 없을 것
④ 부속품등의 볼트 연결상태가 양호할 것

> **해설** 운행을 종료한 때의 점검
> 1. 밸브 등의 이완이 없을 것
> 2. 경계표지 및 휴대품 등의 손상이 없을 것
> 3. 부속품등의 볼트 연결상태가 양호할 것
> 4. 높이검지봉 및 부속배관 등이 적절히 부착되어 있을 것

정답 ①

40 충전용기 등을 차량에 적재할 때의 기준으로 바르지 않은 것은?

① 차량의 최대 적재량을 초과하여 적재하지 않을 것
② 차량의 적재함을 초과하여 적재하지 않을 것
③ 가능하면 자전거 또는 오토바이에 적재하여 운반할 것
④ 운반중의 충전용기는 항상 40℃ 이하를 유지할 것

> **해설** 자전거 또는 오토바이에 적재하여 운반하지 아니할 것. 다만, 차량이 통행하기 곤란한 지역 그 밖에 시·도지사가 지정하는 경우에는 그러하지 아니하다.

정답 ③

41 다음 속도로 교통사고의 특성이 아닌 것은?

① 운전 중 휴대폰 사용, 동영상 시청 등은 감소하고 있다.

② 화물차의 적재불량과 과적은 도로상에 낙하물을 발생시키고 교통사고의 원인이 되고 있다.

③ 화물차, 버스 등 대형차량의 안전운전 불이행으로 대형사고가 발생하고 있다.

④ 운전자 전방주시 태만과 졸음운전으로 인한 2차 사고 발생가능성이 높아지고 있다.

> **해설** 최근 고속도로 운전 중 휴대폰 사용, 동영상 시청 등 기기사용 증가로 인해 전방 주시에 소홀해 지고 이로 인한 교통사고 발생가능성이 더욱 높아지고 있다.

정답 ①

42 다음 편도 2차로 이상의 고속도로에서 화물자동차의 최고속도는?

① 매시 80km　　② 매시 90km

③ 매시 100km　　④ 매시 120km

> **해설** 편도 2차로 이상의 고속도로에서 화물자동차의 최고속도 : 매시 80km

정답 ①

43 다음 편도 3차로 이상의 고속도로에서 오른쪽 차로로 통행할 수 있는 자동차는?

① 승용자동차　　② 화물자동차

③ 소형 승합자동차　　④ 중형 승합자동차

> **해설** 편도 3차로 이상의 고속도로에서 오른쪽 차로로 통행할 수 있는 자동차 : 대형 승합자동차, 화물자동차, 특수자동차, 건설기계

정답 ②

44 고속도로 안전운전 방법으로 옳지 않은 것은?

① 주행차로로 주행

② 4시간 운전 시 10분 휴식

③ 주변 교통흐름에 따라 적정속도 유지

④ 진입은 안전하게 천천히, 진입 후 가속은 빠르게

> **해설** **고속도로 안전운전 방법** : 전방주시, 2시간 운전 시 15분 휴식, 전 좌석 안전띠 착용, 차간거리 확보, 진입은 안전하게 천천히, 진입 후 가속은 빠르게, 주변 교통흐름에 따라 적정속도 유지, 비상시 비상등 켜기, 주행차로로 주행, 후부 반사판 부착(차량 총중량 7.5톤 이상 및 특수 자동차는 의무 부착)

정답 ②

45 다음 고속도로 작업구간 통행방법으로 바르지 않은 것은?

① 고속도로 안전운전 방법에 따라 안전하게 주행해야 한다.

② 작업구간을 통과할 때에는 작업구간 안내시설에서 제공하는 정보에 따라 제한속도, 차로변경 등을 실시해야 한다.

③ 고속도로는 과속운행, 추월을 위한 도로이므로 자주 시도하도록 한다.

④ 언제든 전방 통행상황변화에 대비할 수 있도록 전방주시를 철저히 해야 한다.

> **해설** 과속운행이나 무리한 추월을 시도하지 않아야 하며, 언제든 전방 통행상황변화에 대비할 수 있도록 전방주시를 철저히 해야 한다.

정답 ③

46 고속도로에서 교통사고가 발생한 경우 조치사항으로 바르지 않은 것은?

① 사고 현장에 의사, 구급차 등이 도착할 때까지 부상자에게는 가제나 깨끗한 손수건으로 지혈하는 등 가능한 응급조치를 한다.

② 야간에 차량 후방에 적색 섬광신호·전기제등 또는 불꽃신호를 설치하는 경우에는 고장자동차표지(안전삼각대)를 설치하지 않아도 된다.

③ 2차사고의 우려가 있을 경우에는 부상자를 안전한 장소로 이동시킨다.

④ 사고를 낸 운전자는 사고 발생 장소, 사상자 수, 부상정도 등을 현장에 있는 경찰공무원이나, 가까운 경찰관서에 신고한다.

> **해설** 후방에서 접근하는 차량의 운전자가 쉽게 확인할 수 있도록 고장표지판을 설치하고, 야간에는 적색 섬광신호·전기제등 또는 불꽃신호를 추가로 설치한다.

정답 ②

47 고속도로의 금지사항으로 옳지 않은 것은?

① 갓길 정차금지　　② 보행자 통행금지

③ 횡단금지　　　　④ 정체 및 주차 금지

> **해설** 고속도로의 금지사항 : 횡단금지, 보행자 통행금지, 정체 및 주차 금지, 갓길 주행금지

정답 ①

48 다음 터널 안전운전 수칙으로 옳지 않은 것은?

① 터널 진입 전 입구 주변에 표시된 도로정보를 확인한다.

② 주행 가능 차선에 맞게 차선을 바꾼다.

③ 선글라스를 벗고 라이트를 켠다.

④ 교통신호를 확인한다.

> **해설** 터널에서는 차선을 바꾸지 않아야 한다.

정답 ②

49 고속도로 안전시설에 관한 내용으로 옳지 않은 것은?

① 노면색깔유도선은 자동차의 주행방향을 안내하기 위하여 차로 가장자리에 그려진 선이다.
② 도로전광표지는 효율적인 교통의 흐름과 운전자의 안전운행을 돕는 역할을 한다.
③ 가변형 속도제한표지는 고속도로 내 기상취약구간에 집중적으로 설치된다.
④ 속도제한 기준은 자동차 등의 속도에 대한 규정에 따른다.

> **해설** 노면색깔유도선은 자동차의 주행방향을 안내하기 위하여 차로 한가운데 그려진 선이다.

정답 ①

50 다음 운행을 제한하는 차량이 아닌 것은?

① 총중량 30톤을 초과한 차량
② 덮개를 씌우지 않았거나 묶지 않아 결속 상태가 불량한 차량
③ 적재 불량으로 인하여 적재물 낙하 우려가 있는 차량
④ 적재물을 포함한 차량의 폭 2.5m를 초과한 차량

> **해설** 운행을 제한하는 차량은 차량의 축하중 10톤, 총중량 40톤을 초과한 차량이다.

정답 ①

51 운행 제한 차량을 단속하는 근거로 바르지 않은 것은?

① 과적 : 축하중 10톤 초과 총중량 40톤 초과
② 제원초과 : 폭 2.5미터 초과, 높이 4.0미터 초과, 길이 15.0미터 초과
③ 단속원 요구불응 : 차량승차 불응 관계서류 제출 불응 등, 의심차량 재측정 불응
④ 3대 명령 불응 : 회차, 분리운송, 운행중지 명령 불응

> **해설** 제원초과 : 폭 3.0미터 초과, 높이 4.2미터 초과, 길이 19.0미터 초과

정답 ②

52 운행제한차량 통행이 도로포장에 미치는 영향으로 옳지 않은 것은?

① 축하중 10톤 : 승용차 7만대 통행과 같은 도로파손
② 축하중 11톤 : 승용차 11만대 통행과 같은 도로파손
③ 축하중 13톤 : 승용차 21만대 통행과 같은 도로파손
④ 축하중 15톤 : 승용차 40만대 통행과 같은 도로파손

> **해설** 축하중 15톤 : 승용차 39만대 통행과 같은 도로파손

정답 ④

Qualification Test for Cargo Workers

PART 4

운송서비스

Qualification Test for Cargo Workers

제 1 장 직업 운전자의 기본자세 [적중문제]

CBT 대비 필기문제

01 다음 일반적인 고객의 욕구로 바르지 않은 것은?

① 기억되기를 바란다.
② 환영받고 싶어 한다.
③ 관심을 가져주기를 바란다.
④ 평범한 사람으로 인식되기를 바란다.

> **해설** 고객은 중요한 사람으로 인식되기를 바란다.

정답 ④

02 다음 고객의 욕구로 옳지 않은 것은?

① 관심을 가져주기를 바란다.
② 기억되지 않기를 바란다.
③ 편안해지고 싶어 한다.
④ 중요한 사람으로 인식되기를 바란다.

> **해설** 고객은 기억되기를 바라고 관심을 가져주기를 바란다.

정답 ②

03 다음 서비스의 특징이 아닌 것은?

① 이질성   ② 무소유권
③ 정형성   ④ 소멸성

> **해설** 서비스의 특징 : 무형성, 동시성, 이질성, 소멸성, 무소유권

정답 ③

04 고객의 필요와 욕구 등을 각종 시장조사나 정보를 통해 정확하게 파악하여 상품에 반영시킴으로서 고객만족도를 향상시킬 수 있는 서비스 품질은?

① 영업품질   ② 상품품질
③ 휴먼웨어 품질   ④ 소프트웨어 품질

> **해설** **상품품질** : 성능 및 사용방법을 구현한 하드웨어 (Hardware) 품질이다. 고객의 필요와 욕구 등을 각종 시장조사나 정보를 통해 정확하게 파악하여 상품에 반영시킴으로서 고객만족도를 향상시킨다.

정답 ②

05 다음은 서비스 품질을 평가하는 고객의 기준이다. 보기와 관련이 있는 것은?

> ㉠ 정확하고 틀림없다.
> ㉡ 약속기일을 확실히 지킨다.

① 안전성　　　　② 신뢰성
③ 편의성　　　　④ 태도

해설 신뢰성
1. 정확하고 틀림없다.
2. 약속기일을 확실히 지킨다.

정답 ②

06 서비스 품질을 평가하는 고객의 기준으로 바르지 않은 것은?

① 편의성
② 커뮤니케이션(Communication)
③ 환경
④ 옷차림

해설 서비스 품질을 평가하는 고객의 기준 : 신뢰성, 신속한 대응, 정확성, 편의성, 태도, 커뮤니케이션(Communication), 신용도, 안전성, 고객의 이해도, 환경

정답 ④

07 고객에 대한 기본예절로 상대방을 알아주는 것이 아닌 것은?

① 상대방의 여건, 능력, 개인차를 인정하지 않는다.
② 상대가 누구인지 알아야 어떠한 관계든지 이루어질 수 있다.
③ 사람을 기억한다는 것은 인간관계의 기본조건이다.
④ 기억을 함으로써 관심을 갖게 되어 관계는 더욱 가까워진다.

해설 고객을 대할 때 상대방의 여건, 능력, 개인차를 인정하여 배려한다.

정답 ①

08 다음 고객에 대한 기본예절로 적절하지 않은 것은?

① 공·사를 구분하여 예우한다.
② 상스러운 말을 하지 않는다.
③ 상대방의 여건, 능력, 개인차를 인정하여 배려한다.
④ 좋은 인간관계를 유지하기 위해 약간의 어려움을 감수하는 것은 바람직하지 않다.

해설 약간의 어려움을 감수하는 것은 좋은 인간관계 유지를 위한 투자이다.

정답 ④

09 다음 인사의 중요성에 관한 설명으로 옳지 않은 것은?

① 교양과 인격의 표현이다.
② 고객에 대한 서비스정신의 표시이다.
③ 습관화되지 않아도 쉽게 할 수 있다.
④ 마음가짐의 표현이다.

> **해설** 인사는 평범하고도 대단히 쉬운 행위이지만 습관화되지 않으면 실천에 옮기기 어렵다.

정답 ③

11 다음 꼴불견 인사로 볼 수 없는 것은?

① 고개를 옆으로 돌리는 인사
② 높은 곳에서 윗사람에게 하는 인사
③ 고개를 옆으로 돌리는 인사
④ 머리와 상체를 숙이는 인사

> **해설** 머리와 상체를 숙이는 인사는 올바른 인사방법이다.

정답 ④

10 다음 인사의 마음가짐으로 바르지 않은 것은?

① 형식적이고 진중한 마음으로
② 예절 바르고 정중하게
③ 밝고 상냥한 미소로
④ 경쾌하고 겸손한 인사말과 함께

> **해설** 인사는 정성과 감사의 마음으로 하여야 한다.

정답 ①

12 다음 보통 인사를 할 때 머리를 숙이는 각도는?

① 45°   ② 30°
③ 15°   ④ 5°

> **해설** 가벼운 인사 : 15°, 보통 인사 : 30°, 정중한 인사 : 45°

정답 ②

13 다음 악수할 때의 예절로 옳지 않은 것은?

① 상대의 눈을 바라보며 웃는 얼굴로 악수한다.

② 계속 손을 잡은 채로 말한다.

③ 상대방에 따라 허리는 10~15° 정도 굽히는 것도 좋다.

④ 상대와 적당한 거리에서 손을 잡는다.

> **해설** 계속 손을 잡은 채로 말하지 않아야 한다.

정답 ②

14 다음 고객이 싫어하는 시선으로 옳지 않은 것은?

① 부드러운 시선으로 바라보는 눈

② 위로 치켜뜨는 눈

③ 한 곳만 응시하는 눈

④ 곁눈질

> **해설** 고객이 싫어하는 시선 : 위로 치켜뜨는 눈, 곁눈질, 한 곳만 응시하는 눈, 위·아래로 훑어보는 눈

정답 ①

15 다음 좋은 표정을 가지기 위한 체크사항(check-point)이 아닌 것은?

① 밝고 상쾌한 표정인가

② 얼굴 전체가 웃는 표정인가

③ 돌아서면서 표정이 굳어지지 않는가

④ 입의 양 꼬리가 내려가게 한다.

> **해설** 입의 양 꼬리가 올라가게 해야 한다.

정답 ④

16 고객 응대 마음가짐 10가지로 옳지 않는 것은?

① 예의를 지켜 겸손하게 대한다.

② 직원의 입장에서 생각한다.

③ 공사를 구분하고 공평하게 대한다.

④ 투철한 서비스 정신을 가진다.

> **해설** 고객의 입장에서 생각해야 한다.

정답 ②

part 04

여객서비스

133

17 다음 대화시 유의사항으로 옳지 않은 것은?

① 남이 이야기하는 도중에 분별없이 차단하지 않는다.
② 도전적 언사는 가급적 자제한다.
③ 남을 중상 모략하는 언동을 하지 않는다.
④ 조심스러운 농담도 피한다.

> **해설** 부드러운 분위기를 조성하기 위한 농담은 조심스럽게 한다.

> **정답** ④

18 담배꽁초의 처리방법으로 바르지 않은 것은?

① 꽁초를 길에 버린 후 발로 비비지 않는다.
② 자동차 밖으로 버리지 않는다.
③ 꽁초를 손가락으로 튕겨 버리지 않는다.
④ 차량의 재떨이에도 버리지 않는다.

> **해설** 담배꽁초는 반드시 재떨이에 버린다.

> **정답** ④

19 다음 음주예절로 적절하지 않은 것은?

① 예의바른 모습을 보여주어 더 큰 신뢰를 얻도록 한다.
② 술자리이니까 상사에 대한 험담을 하지 않는다.
③ 과음하거나 지식을 장황하게 늘어놓는다.
④ 술좌석을 자기자랑이나 평상시 언동의 변명의 자리로 만들지 않는다.

> **해설** 과음하거나 지식을 장황하게 늘어놓지 않아야 한다.

> **정답** ③

20 다음 운전자가 지켜야 할 예절바른 운전습관으로 옳지 않은 것은?

① 명랑한 교통질서 유지
② 교통사고의 예방
③ 교통문화를 정착시키는 선두주자
④ 정속의 신념

> **해설** 예절바른 운전습관
> 1. 명랑한 교통질서 유지
> 2. 교통사고의 예방
> 3. 교통문화를 정착시키는 선두주자

> **정답** ④

21 다음 운행할 때 지켜야 하는 운전행동으로 옳지 않은 것은?

① 횡단보도에서는 보행자 보호에 앞장선다.

② 적색 점멸 신호 시 서행한다.

③ 도움이나 양보를 받았을 때 정중하게 손을 들어 답례한다.

④ 교차로에 교통정체가 있을 경우 서행하며 안전하게 통과한다.

> **해설** 적색 점멸 신호가 있는 경우에는 일시 정지하여야 한다.

정답 ②

22 화물차량 운전의 직업상 어려움으로 볼 수 없는 것은?

① 장시간 운행으로 제한된 작업공간부족

② 주·야간의 운행으로 생활리듬의 불규칙한 생활의 연속

③ 공로운행에 따른 교통사고에 대한 위기의식 부재

④ 화물의 특수수송에 따른 운임에 대한 불안감

> **해설** 화물차량 운전의 직업상 어려움
> 1. 장시간 운행으로 제한된 작업공간부족(차내 운전)
> 2. 주·야간의 운행으로 생활리듬의 불규칙한 생활의 연속
> 3. 공로운행에 따른 교통사고에 대한 위기의식 잠재
> 4. 화물의 특수수송에 따른 운임에 대한 불안감(회사부도 등)

정답 ③

23 운전자의 기본자세로 가장 바르지 않은 것은?

① 편안하게

② 품위 있게

③ 통일감 있게

④ 단정하게

> **해설** 편하다고 샌들이나 슬리퍼를 신는 것은 삼가야 한다.

정답 ①

24 법규 및 사내 교통안전 관련규정 준수에 관한 내용으로 적절하지 않은 것은?

① 수입포탈 목적 장비운행 금지

② 정당한 사유 없이 지시된 운행경로 임의 변경운행 금지

③ 배차지시 없는 자발적 임의운행

④ 승차 지시된 운전자 이외의 타인에게 대리운전 금지

> **해설** 배차지시 없이 임의운행은 하지 않아야 한다.

정답 ③

25 자동차의 운행전 준비사항으로 옳지 않은 것은?

① 용모 및 복장 단정하게
② 불친절한 고객 및 화주에게 굴하지 않는 언행
③ 화물의 외부덮개 및 결박상태를 철저히 확인한 후 운행
④ 차량 세차 및 운전석 내부를 항상 청결하게 유지

> **해설** 불친절한 고객 및 화주에게도 불쾌한 언행을 하지 않아야 한다.

정답 ②

26 다음 교통사고 발생시 조치로 바르지 않은 것은?

① 사고발생 경위를 육하원칙에 의거 거짓없이 정확하게 회사에 즉시 보고
② 현장에서의 인명구호 및 관할경찰서에 신고 등의 의무를 성실히 수행
③ 사고로 인한 행정, 형사처분 접수 시 개인적으로 처리
④ 회사소속 자동차 사고를 유·무선으로 통보 받거나 발견 즉시 최인근 지점에 기착 또는 유·무선으로 육하원칙에 의거 즉시 보고

> **해설** 사고로 인한 행정, 형사처분(처벌) 접수 시 임의처리 불가하며 회사의 지시에 따라 처리하여야 한다.

정답 ③

27 다음 직업의 3가지 태도에 해당하지 않는 것은?

① 애정   ② 열정
③ 경쟁   ④ 긍지

> **해설** 직업의 3가지 태도 : 애정, 긍지, 열정

정답 ③

28 다음 집하 시 행동방법으로 옳지 않은 것은?

① 집하는 서비스의 출발점이라는 자세로 한다.
② 2개 이상의 화물은 반드시 분리 집하한다.
③ 송하인용 운송장을 절취하여 고객에게 한 손으로 건네준다.
④ 화물 인수 후 감사의 인사를 한다.

> **해설** 송하인용 운송장을 절취하여 고객에게 두 손으로 건네준다.

정답 ③

29 다음 화물 배달시 행동방법으로 옳지 않은 것은?

① 고객이 부재 시에는 "부재중 방문표"를 반드시 이용한다.
② 긴급배송을 요하는 화물은 우선 처리한다.
③ 수하인 주소가 불명확할 경우 배달을 미룬다.
④ 인수증 서명은 반드시 정자로 실명 기재 후 받는다.

 수하인 주소가 불명확할 경우 사전에 정확한 위치를 확인 후 출발하도록 한다.

정답 ③

30 화물 배달시 행동방법으로 바르지 않은 것은?

① 무거운 물건일 경우 손수레를 이용하여 배달한다.
② 고객이 부재 시에는 "부재중 방문표"를 반드시 이용한다.
③ 방문 시 밝고 명랑한 목소리로 인사하고 화물을 정중하게 고객이 원하는 장소에 가져다 놓는다.
④ 인수증 서명은 배달하면서 직접 한다.

 인수증 서명은 반드시 정자로 실명 기재 후 받아야 한다.

정답 ④

31 다음 고객 상담시의 대처방법으로 옳지 않은 것은?

① 전화가 끝나면 마지막 인사를 하고 먼저 전화를 끊는다.
② 담당자가 부재중일 경우 반드시 내용을 메모하여 전달한다.
③ 집하의뢰 전화는 고객이 원하는 날, 시간 등에 맞추지 못하더라도 접수를 받는다.
④ 배송확인 문의전화는 영업사원에게 시간을 확인한 후 고객에게 답변한다.

해설 전화가 끝나면 마지막 인사를 하고 상대편이 먼저 끊은 후 전화를 끊는다.

정답 ①

part
04

운송서비스

제2장

PART 4 운송서비스

물류의 이해 [적중문제]

CBT 대비
필기문제

QUALIFICATION TEST FOR CARGO WORKERS

01 다음 물류의 기능으로 옳지 않은 것은?

① 유통가공기능　　② 포장기능
③ 판매기능　　　　④ 정보기능

해설 **물류의 기능** : 운송(수송)기능, 포장기능, 보관기능, 하역기능, 정보기능, 유통가공기능 등

정답 ③

02 다음 물류의 발전과정에 관한 내용으로 틀린 것은?

① 1970년대는 창고보관·수송을 신속히 하여 주문처리시간을 줄이는데 초점을 둔 단계이다.
② 1980~90년대는 정보기술을 이용하여 수송, 제조, 구매, 주문관리기능을 포함하여 합리화하는 로지스틱스 활동이 이루어졌던 전사적 자원관리(ERP)단계이다
③ 1990년대 중반 이후는 공급망관리 단계이다.
④ 경영정보시스템(MIS)은 상품·서비스 및 정보의 흐름이 관련된 프로세스를 통합적으로 운영하는 경영전략이다.

해설 공급망관리는 최초의 공급업체로부터 최종 소비자에게 이르기까지의 상품·서비스 및 정보의 흐름이 관련된 프로세스를 통합적으로 운영하는 경영전략이다.

정답 ④

03 물류관리의 기본원칙 중 7R 원칙으로 볼 수 없는 것은?

① 적절한 요구　　② 적절한 상품
③ 적절한 가격　　④ 적절한 장소

해설 **7R 원칙** : Right Quality(적절한 품질), Right Quantity(적절한 양), Right Time(적절한 시간), Right Place(적절한 장소), Right Impression(좋은 인상), Right Price(적절한 가격), Right Commodity(적절한 상품)

정답 ①

04 물류의 기능 중 생산과 소비와의 시간적 차이를 조정하여 시간적 효용을 창출하는 기능은?

① 재고기능　　　　② 보관기능
③ 하역기능　　　　④ 정보기능

해설 **보관기능** : 물품을 창고 등의 보관시설에 보관하는 활동으로, 생산과 소비와의 시간적 차이를 조정하여 시간적 효용을 창출

정답 ②

05 다음 기업경영에 있어서 물류의 역할로 바르지 않은 것은?

① 생산비용의 절감
② 마케팅의 절반을 차지
③ 판매기능 촉진
④ 적정재고의 유지로 재고비용 절감에 기여

> **해설** 기업경영에 있어서 물류의 역할 : 마케팅의 절반을 차지, 판매기능 촉진, 적정재고의 유지로 재고비용 절감에 기여, 물류(物流)와 상류(商流) 분리를 통한 유통합리화에 기여 등

정답 ①

06 다음 중 물류관리에 대한 설명으로 옳지 않은 것은?

① 물류관리는 경영관리의 다른 기능과 밀접한 상호관계를 갖고 있다.
② 대고객서비스, 제품포장관리, 판매망 분석 등은 생산관리 분야와 연결되며, 입지관리결정, 구매계획 등은 마케팅관리 분야와 연결된다.
③ 경제재의 효용을 극대화시키기 위한 재화의 흐름을 유기적으로 조정하여 하나의 독립된 시스템으로 관리하는 것을 말한다.
④ 현대와 같이 공급이 수요를 초과하고, 소비자의 기호가 다양하게 변화하는 시대에는 종합적인 로지스틱스 개념하의 물류관리가 중요하다.

> **해설** 입지관리결정, 제품설계관리, 구매계획 등은 생산관리 분야와 연결되며, 대고객서비스, 정보관리, 제품포장관리, 판매망 분석 등은 마케팅관리 분야와 연결된다.

정답 ②

07 다음 물류전략의 목표로 볼 수 없는 것은?

① 자본절감
② 비용절감
③ 상품광고
④ 서비스 개선

> **해설** 물류전략의 목표 : 비용절감, 자본절감, 서비스개선

정답 ③

08 물류전략의 8가지 핵심영역 중 전략수립에 해당하는 것은?

① 고객서비스수준 결정
② 공급망설계
③ 수송관리
④ 정보·기술관리

> **해설** ① 고객서비스수준 결정 : 전략수립
> ② 공급망설계 : 구조설계
> ③ 수송관리 : 기능정립
> ④ 정보·기술관리 : 실행

정답 ①

09 서비스의 깊이 측면에서 볼 때 물류의 발전과정으로 올바른 것은?

① 관리 및 통제 → 물류활동의 운영 및 실행 → 계획 및 전략

② 물류활동의 운영 및 실행 → 관리 및 통제 → 계획 및 전략

③ 물류활동의 운영 및 실행 → 계획 및 전략 → 관리 및 통제

④ 관리 및 통제 → 계획 및 전략 → 물류활동의 운영 및 실행

해설 서비스의 깊이 측면에서 볼 때 물류의 발전과정은 물류활동의 운영 및 실행 → 관리 및 통제 → 계획 및 전략으로 발전하는 과정을 거친다.

정답 ②

10 다음 제3자 물류의 내용으로 바르지 않은 것은?

① 화주와의 관계는 전략적 제휴를 통한 거래를 한다.
② 통합 물류서비스를 제공한다.
③ 계약방식은 경쟁계약이다.
④ 도입결정은 중간관리자층이 한다.

해설 도입결정은 최고경영층이 한다.

정답 ④

11 다음 제3자 물류의 도입이유로 옳지 않은 것은?

① 자가물류활동에 의한 물류효율화의 확대
② 세계적인 조류로서 제3자 물류의 비중 확대
③ 물류산업 고도화를 위한 돌파구
④ 물류자회사에 의한 물류효율화의 한계

해설 물류자회사에 의한 물류효율화의 한계로 인하여 제3자 물류가 도입되고 있다.

정답 ①

12 제3자 물류에 의한 물류혁신 기대효과로 볼 수 없는 것은?

① 공급망관리(SCM) 도입·확산의 촉진
② 고품질 물류서비스의 제공으로 제조업체의 경쟁력 강화 지원
③ 종합물류서비스의 진부화
④ 물류산업의 합리화에 의한 고물류비 구조 혁신

해설 제3자 물류에 의한 물류혁신 기대효과
1. 공급망관리(SCM) 도입·확산의 촉진
2. 고품질 물류서비스의 제공으로 제조업체의 경쟁력 강화 지원
3. 종합물류서비스의 활성화
4. 물류산업의 합리화에 의한 고물류비 구조 혁신

정답 ③

13 제4자 물류에 대한 설명으로 바르지 않은 것은?

① 공급망의 일부 활동을 관리하는 것이다.

② 공급자는 광범위한 공급망의 조직을 관리한다.

③ 제3자 물류의 기능에 컨설팅 업무를 추가 수행하는 것이다.

④ 핵심은 고객에게 제공되는 서비스를 극대화하는 것이다.

> **해설** 제4자 물류는 광범위한 공급망의 조직을 관리하고 기술, 능력, 정보기술, 자료 등을 관리하는 공급망을 통합하는 것이다.

정답 ①

14 공급망관리에 있어서의 제4자 물류의 4단계의 연결이 바르지 않은 것은?

① 1단계 – 창조(creation)

② 2단계 – 전환(Transformation)

③ 3단계 – 이행(Implementation)

④ 4단계 – 실행(Execution)

> **해설** 1단계 – 재창조(Reinvention)

정답 ①

15 다음 배송의 특징으로 옳지 않은 것은?

① 장거리 대량화물의 이동

② 기업과 고객간 이동

③ 지역간 화물의 이동

④ 다수의 목적지를 순회하면서 소량 운송

> **해설** 장거리 대량화물의 이동은 수송이고, 단거리 소량화물의 이동이 배송이다.

정답 ①

16 선박 및 철도와 비교한 화물자동차 운송의 특징으로 바르지 않은 것은?

① 에너지 다소비형의 운송기관

② 대형 화물운송에 적합

③ 신속하고 정확한 문전운송

④ 다양한 고객요구 수용

> **해설** 선박 및 철도와 비교한 화물자동차 운송의 특징
> 1. 원활한 기동성과 신속한 수배송
> 2. 신속하고 정확한 문전운송
> 3. 다양한 고객요구 수용
> 4. 운송단위가 소량
> 5. 에너지 다소비형의 운송기관 등

정답 ②

17 물류 시스템의 목적으로 볼 수 없는 것은?

① 상품을 적절한 시기에 낮은 단가에 맞추어 정확하게 생산하는 것
② 고객의 주문에 대해 상품의 품절을 가능한 한 적게 하는 것
③ 물류거점을 적절하게 배치하여 배송효율을 향상시키고 상품의 적정재고량을 유지하는 것
④ 운송, 보관, 하역, 포장, 유통·가공의 작업을 합리화하는 것

해설 물류시스템의 목적은 고객에게 상품을 적절한 납기에 맞추어 정확하게 배달하는 것이다.

정답 ①

18 다음 주행거리에 대해 화물을 싣지 않고 운행한 거리의 비율은?

① 실차율　　　　　② 공차거리율
③ 적재율　　　　　④ 가동률

해설 공차거리율 : 주행거리에 대해 화물을 싣지 않고 운행한 거리의 비율

정답 ②

19 다음 공동수송의 장점으로 볼 수 없는 것은?

① 여러 운송업체와의 복잡한 거래교섭의 감소
② 입출하 활동의 계획화
③ 영업용 트럭의 이용 증대
④ 소량 부정기화물의 공동수송 감소

해설 공동수송의 장점 : 물류시설 및 인원의 축소, 발송작업의 간소화, 영업용 트럭의 이용증대, 입출하 활동의 계획화, 운임요금의 적정화, 여러 운송업체와의 복잡한 거래교섭의 감소, 소량 부정기화물도 공동수송 가능

정답 ④

20 화물운송정보시스템에 관한 내용으로 바르지 않은 것은?

① 수배송관리시스템은 주문상황에 대해 적기 수배송체제의 확립으로써 수송비용을 절감하려는 체제이다.
② 수배송관리시스템의 대표적인 것으로는 터미널화물정보시스템이 있다.
③ 화물정보시스템은 배송인에게 적기에 정보를 제공해주는 시스템을 의미한다.
④ 터미널화물정보시스템은 각종 정보를 전산시스템으로 수집, 관리, 공급, 처리하는 종합정보관리체제이다.

해설 화물정보시스템이란 화물이 터미널을 경유하여 수송될 때 수반되는 자료 및 정보를 신속하게 수집하여 이를 효율적으로 관리하는 동시에 화주에게 적기에 정보를 제공해주는 시스템을 의미한다.

정답 ③

21 수·배송활동의 각 단계 중 수송수단 선정, 수송경로 선정, 수송로트(lot) 결정, 다이어그램 시스템설계, 배송센터의 수 및 위치 선정, 배송지역 결정을 하는 단계는?

① 통제   ② 실시

③ 계획   ④ 확인

해설 **계획** : 수송수단 선정, 수송경로 선정, 수송로트(lot) 결정, 다이어그램 시스템설계, 배송센터의 수 및 위치 선정, 배송지역 결정 등

정답 ③

part **04**

운송서비스

제3장 화물운송서비스의 이해 [적중문제]

QUALIFICATION TEST FOR CARGO WORKERS

01 다음 물류비의 절감에 관한 내용으로 옳지 않은 것은?

① 물류비의 절감 대상은 수송비나 보관료 등의 인하를 필요한 조건으로 한다.
② 물류비를 어느 정도 절감할 수 있는가가 문제의 초점이다.
③ 물류전문업자가 고객에 대해 공헌할 수 있는 것은 총 물류비의 억제나 절감에 있다.
④ 고빈도·소량의 수송체계는 물류코스트의 상승을 가져온다.

> **해설** 총 물류비를 대상으로 하는 절감은 반드시 수송비나 보관료 등의 인하를 필요한 조건으로 하는 것은 아닌 것이다.

> **정답** ①

02 다음 물류의 신시대 트렌드에 대한 설명으로 옳지 않은 것은?

① 적정요금을 서비스로 환원시켜야 한다.
② 물류를 경쟁력의 무기로 삼아야 한다.
③ 물류 코스트의 상승을 이루어야 한다.
④ 물류 없이는 생활할 수 없다.

> **해설** 물류의 신시대 트렌드는 물류 전문업자가 고객에 대하여 코스트 면에서 공헌할 수 있는 것은 총 물류비의 억제나 절감에 있다.

> **정답** ③

03 물류시장의 경쟁 속에서 기업존속 결정의 조건에 대한 설명으로 옳지 않은 것은?

① 매상증대이다.
② 비용감소이다.
③ 매상증대 또는 비용감소 중 어느 쪽도 달성할 수 없다면 기업이 존속하기 어렵다.
④ 매상증대와 비용감소를 모두 달성해야 기업 존속이 가능하다.

> **해설** 매상증대와 비용감소 중 한 가지라도 실현시킬 수 있으면 기업의 존속이 가능하다.

> **정답** ④

04 조직이든 개인이든 변혁을 일으키지 않으면 안되는 이유로는 외부적 요인과 내부적 요인이 있는데 외부적 요인이 아닌 것은?

① 고객의 욕구행동의 변화에 대응
② 소비자의 개성화, 다양화, 차별화나 생활양식의 변화에 초점
③ 조직이나 개인을 둘러싼 환경의 변화
④ 가치관이나 의식 또는 행동패턴 등의 변화

> **해설** 가치관이나 의식 또는 행동패턴 등의 변화는 내부적 요인이다.

> **정답** ④

part
04

운송서비스

05 다음 공급망관리에 관한 내용으로 옳지 않은 것은?

① 목적은 공급망 전체를 효율화 하는 것이다.

② 토탈물류를 표방한다.

③ 대상은 공급자, 메이커, 도소매, 고객 모두이다.

④ 수단은 기업간 정보시스템 파트너관계, ERP, SCM이다.

해설 공급망관리는 종합물류를 표방하고 Logistics는 토탈물류를 표방한다.

정답 ②

06 제품이나 서비스를 만드는 모든 작업자가 품질에 대한 책임을 나누어 갖는다는 것은?

① 전사적 품질관리　　② 물류 효율화

③ 물류현상 정량화　　④ 공급망 관리

해설 전사적 품질관리 : 제품이나 서비스를 만드는 모든 작업자가 품질에 대한 책임을 나누어 갖는다는 것

정답 ①

07 생산·유통기간의 단축, 재고의 감소, 반품손실 감소 등 생산·유통의 각 단계에서 효율화를 실현하고 그 성과를 생산자, 유통관계자, 소비자에게 골고루 돌아가게 하는 기법은?

① 주파수 공용통신

② 신속대응

③ 통합판매·물류·생산시스템

④ 효율적 고객대응

해설 신속대응 전략 : 생산·유통기간의 단축, 재고의 감소, 반품손실 감소 등 생산·유통의 각 단계에서 효율화를 실현하고 그 성과를 생산자, 유통관계자, 소비자에게 골고루 돌아가게 하는 기법

정답 ②

08 효율적 고객대응(ECR) 전략에 관한 내용으로 옳지 않은 것은?

① 소비자 만족에 초점을 둔 공급망 관리의 효율성을 극대화하기 위한 모델이다.

② 주도적인 기업이 전체로서의 효율 극대화를 추구하는 효율적 고객대응기법이다.

③ 제조업체와 유통업체가 상호 밀접하게 협력하는 것이다.

④ 산업체와 산업체간에도 통합을 통하여 표준화와 최적화를 도모할 수 있다.

해설 효율적 고객대응(ECR) 전략은 관련기업들의 긴밀한 협력을 통해 전체로서의 효율 극대화를 추구하는 효율적 고객대응기법이다.

정답 ②

09 다음 주파수 공용통신(TRS)의 도입 효과로 바르지 않은 것은?

① 사전배차계획 수립과 배차계획 수정이 가능해진다.

② 도착시간의 정확한 추정이 가능하지 않다.

③ 표준운행시간 작성에 도움을 줄 수 있다.

④ 분실화물의 추적과 책임자 파악이 용이하게 된다.

> **해설** 사전배차계획 수립과 배차계획 수정이 가능해지며, 자동차의 위치추적기능의 활용으로 도착시간의 정확한 추정이 가능해진다.

정답 ②

10 통합판매·물류·생산시스템(CALS)에 관한 설명으로 옳지 않은 것은?

① 디지털기술의 통합과 정보공유를 통한 신속한 자료처리 환경을 구축하는 것이다.

② 디지털 정보기술의 통합을 통해 구현하는 산업화전략이다.

③ 컴퓨터에 의한 통합생산이나 경영과 유통의 재설계 등을 총칭한다.

④ 항공화물서비스로 국내 30분, 해외 72시간 내에 도달하는 것을 서비스 포인트로 삼고 있다.

> **해설** ④는 범지구측위시스템(GPS)에 관한 내용이다.

정답 ④

11 통합판매·물류·생산시스템(CALS)의 도입 효과로 바르지 않은 것은?

① 새로운 생산시스템, 첨단생산시스템으로써 그 효과를 나타내고 있다.

② 정보화사회의 새로운 생산모델 및 경영혁신수단이다.

③ 사전배차계획 수립과 배차계획 수정이 가능해진다.

④ 모든 정보기술과 통신기술의 통합화전략이다.

> **해설** ③은 주파수 공용통신(TRS)의 도입 효과이다.

정답 ③

제4장 화물운송서비스와 문제점 [적중문제]

QUALIFICATION TEST FOR CARGO WORKERS

01 다음 재고품으로 주문품을 공급할 수 있는 정도를 나타내는 용어는?

① 동시성
② 재고신뢰성
③ 정보성
④ 주문량의 제약

> **해설** 재고신뢰성 : 품절, 백오더, 주문충족률, 납품률 등, 즉 재고품으로 주문품을 공급할 수 있는 정도

정답 ②

02 물류고객서비스의 요소 중 거래 전 요소와 거리가 먼 것은?

① 매니지먼트 서비스
② 조직구조
③ 문서화된 고객서비스 정책 및 고객에 대한 제공
④ 발주 정보

> **해설** 거래 전 요소 : 문서화된 고객서비스 정책 및 고객에 대한 제공, 접근가능성, 조직구조, 시스템의 유연성, 매니지먼트 서비스

정답 ④

03 물류고객서비스의 거래 후 요소로 옳지 않은 것은?

① 고객의 클레임
② 주문상황 정보
③ 고충·반품처리
④ 예비품의 이용가능성

> **해설** 거래 후 요소 : 설치, 보증, 변경, 수리, 부품, 제품의 추적, 고객의 클레임, 고충·반품처리, 제품의 일시적 교체, 예비품의 이용가능성

정답 ②

04 다음 불친절한 사례가 아닌 것은?

① 인사를 잘 하지 않는다.
② 미리 전화를 하고 찾아간다.
③ 용모가 단정치 못하다.
④ 빨리 사인을 해달라고 윽박지르듯 한다.

> **해설** 미리 전화를 하고 찾아가는 것은 친절한 사례이다.

정답 ②

05 다음 택배고객의 불만사항이 아닌 것은?

① 배달이 지연된다.
② 길거리에서 화물을 건네준다.
③ 운송장을 고객에게 작성하라고 한다.
④ 배달이 약속시간에 온다.

> **해설** 배달이 약속시간에 오는 경우는 불만사항이 아니다.

> **정답** ④

06 다음 택배종사자의 서비스 자세로 옳지 않은 것은?

① 고객만족을 위하여 최선을 다한다.
② 진정한 택배종사자로서 대접받을 수 있도록 행동한다.
③ 애로사항이 있으면 고객에게 이야기한다.
④ 내가 판매한 상품을 배달하고 있다고 생각하면서 배달한다.

> **해설** 애로사항이 있더라도 고객에게 직접 이야기 하지 않고 고객만족을 위하여 최선을 다해야 한다.

> **정답** ③

07 다음 택배종사자의 용모와 복장으로 옳지 않은 것은?

① 복장과 용모, 언행을 통제한다.
② 선글라스는 강도, 깡패로 오인할 수 있다.
③ 신분확인을 위해 명함을 소지한다.
④ 고객도 복장과 용모에 따라 대한다.

> **해설** 신분확인을 위해 명찰을 패용하는 것이 적합하다.

> **정답** ③

08 택배화물의 배달방법으로 적절하지 않은 것은?

① 전화를 100% 하고 배달할 의무가 있다.
② 우선적으로 배달해야 할 고객의 위치를 표시한다.
③ 전화는 해도 불만, 안해도 불만을 초래할 수 있다.
④ 배달표에 나타난 주소대로 배달할 것을 표시한다.

> **해설** 전화를 100% 하고 배달할 의무는 없다.

> **정답** ①

09 다음 화물에 이상이 있을시 인계방법으로 옳지 않은 것은?

① 약간의 문제가 있을 경우 모르게 물품을 건네준다.

② 완전히 파손된 경우 진심으로 사과하고 회수 후 변상한다.

③ 내품에 이상이 있을 경우 전화할 곳과 절차를 알려준다.

④ 배달완료 후 이상이 있다는 배상 요청 시 반드시 현장 확인을 해야 한다.

해설 약간의 문제가 있을 시는 잘 설명하여 이용하도록 한다.

정답 ①

10 배달시 주의 사항으로 바르지 않은 것은?

① 화물에 부착된 운송장의 기록을 잘 보아야 한다.

② 수하인이 불명한 경우 화물은 폐기한다.

③ 중량초과화물을 배달 시 정중하게 조력을 요청한다.

④ 야간 배달에 대비하여 손전등을 준비한다.

해설 수하인이 불명한 경우 화물은 재입고한다.

정답 ②

11 택배화물의 방문집하 시 운송장애 기재되는 화물명을 정확하게 함으로써 판단할 수 있는 사항으로 옳지 않은 것은?

① 수하인 전화번호

② 정확한 화물명

③ 포장의 안전성 판단기준

④ 화물수탁여부 판단기준

해설 정확히 기재해야 할 사항 : 수하인 전화번호(주소는 정확해도 전화번호가 부정확하면 배달 곤란), 정확한 화물명(포장의 안전성 판단기준, 사고 시 배상기준, 화물수탁 여부 판단기준, 화물취급요령), 화물가격(사고 시 배상기준, 화물수탁 여부 판단기준, 할증여부 판단기준)

정답 ③

12 철도와 선박과 비교한 트럭 수송의 단점으로 볼 수 없는 것은?

① 장거리의 경우 연료비나 인건비가 많이 든다.

② 화물을 부리는 횟수가 적어도 된다.

③ 진동, 소음, 광화학 스모그 등의 공해가 발생한다.

④ 수송의 단위가 작다.

해설 화물을 부리는 횟수가 적어도 되는 것은 트럭 수송의 장점이다.

정답 ②

13 영업용 트럭운송의 장점으로 바르지 않은 것은?

① 운임의 안정화가 쉽다.
② 물동량의 변동에 대응한 안정수송이 가능하다.
③ 변동비 처리가 가능하다.
④ 설비투자가 필요 없다.

> **해설** 기후, 연료 등의 변화에 따른 운임의 변동가능성이 있어 운임의 안정화가 어렵다.

정답 ①

14 영업용 트럭운송의 단점으로 바르지 않은 것은?

① 인터페이스가 약하다.
② 마케팅 사고가 희박하다.
③ 관리기능이 저해된다.
④ 인적 투자가 필요하다.

> **해설** 영업용 트럭운송은 인적투자가 필요 없다.

정답 ④

15 다음 자가용 트럭운송의 장점으로 바르지 않은 것은?

① 인적 교육이 가능하다.
② 설비투자가 필요 없다.
③ 위험부담도가 낮다.
④ 상거래에 기여한다.

> **해설** 자가용 트럭운송은 트럭에 대한 투자가 필요하다.

정답 ②

16 다음 자가용 트럭운송의 단점으로 바르지 않은 것은?

① 사용하는 차종, 차량에 한계가 있다.
② 비용이 고정비화가 된다.
③ 수송량의 변동에 대응하기가 어렵다.
④ 설비투자가 필요하지 않다.

> **해설** 자가용 트럭운송은 설비투자가 필요하다.

정답 ④

17 팔레트 화물 취급시 팔레트를 측면으로부터 상·하역 할 수 있는 차량은?

① 스태빌라이저 장치차
② 팔레트 로더용 가드레일차
③ 측면개폐유개차
④ 델리베리카

 해설 팔레트를 측면으로부터 상·하역 할 수 있는 측면개폐 유개차, 후방으로부터 화물을 상·하역할 때에 가드레일이나 롤러를 장치한 팔레트 로더용 가드레일차나 롤러 장착차, 짐 이 무너지는 것을 방지하는 스태빌라이저 장치차 등 용도에 맞는 자동차를 활용할 필요가 있다.

정답 ③

18 다음 트럭운송이 발전하기 위한 방안으로 바르지 않은 것은?

① 트럭터미널의 복합화 및 시스템화
② 트럭 구입가격의 인하
③ 고효율화
④ 바꿔 태우기 수송과 이어타기 수송

 해설 트럭운송이 발전하기 위한 방안 : 고효율화, 왕복실차 율을 높임, 트레일러 수송과 도킹시스템화, 바꿔 태우기 수송 과 이어타기 수송, 컨테이너 및 팔레트 수송의 강화, 집배 수 송용자동차의 개발과 이용, 트럭터미널의 복합화 및 시스템 화

정답 ②

19 국내 화주기업 물류의 문제점으로 바르지 않은 것은?

① 물류시스템에 대한 개선이 더디다.
② 전체를 하나의 규모로 하는 경제적인 물류를 달성 하기 어렵다.
③ 일부분만 아웃소싱되는 물류체계가 아직도 많다.
④ 각 업체마다 독자적 물류기능을 보유하고 있지 않 다.

해설 각 업체마다 독자적인 물류기능을 보유하고 있어 전체 적인 물류 합리화에 걸림돌이 되고 있다.

정답 ④

part
04

운송서비스